高等学校小学教育专业教材

初等数论

（第二版）

主 编　单　墫

编 者　单　墫　纪春岗

　　　　葛　军

U0250108

南京大学出版社

图书在版编目(CIP)数据

初等数论 / 单墫主编. — 2 版. — 南京：南京大学出版社，2020.1(2024.1 重印)

ISBN 978 - 7 - 305 - 22887 - 2

Ⅰ. ①初… Ⅱ. ①单… Ⅲ. ①初等数论 Ⅳ.
①O156.1

中国版本图书馆 CIP 数据核字(2020)第 003839 号

出版发行　南京大学出版社
社　　址　南京市汉口路 22 号　　　　邮　编 210093
书　　名　初等数论(第二版)
主　　编　单　墫
责任编辑　陈亚明

照　　排　南京紫藤制版印务中心
印　　刷　江苏凤凰通达印刷有限公司
开　　本　787×960　1/16　印张 10　字数 150 千
版　　次　2020 年 1 月第 2 版　2024 年 1 月第 5 次印刷
ISBN　978 - 7 - 305 - 22887 - 2
定　　价　30.00 元

网　　址　http://www.njupco.com
官方微博　http://weibo.com/njupco
官方微信　njupress
销售咨询　(025)83594756

序　言

这是一本为师范院校和相关专业学生编写的数论教材.

数论,研究数(尤其是整数)的理论,也称为算术或高等算术,在中学、小学教学中有很多的应用,因此,师范院校学生很有学习的必要.

这本教材,特点是简明、实用.内容共分六章:数的整除性、同余、数论函数、不定方程、原根及其他、连分数.每一章都与中学、小学数学有较密切的联系.纯理论的问题,如皮亚诺(Peano)的序数理论,因为没有太多的用处,我们就没有编到书中.每一章除对必需的知识作扼要的介绍外,还配置大量的例题,以帮助学生运用有关的知识.实践表明学生学习数论的主要困难,并不在于学习有关知识,而在于运用这些知识去解决问题.因此,我们将重点放在后者.同时还精选了一些习题,帮助学生巩固所学知识.最后的思考题难度较大,可供学习较好的同学选用,培养他们的创造能力.习题均有解答或提示,供教师参考.

本书第一版写于二十年前,已多次重印.

这次修订作了较多的变动,除订正一些错误外,增加了第五章,并给出了思考题的解答.

单　壿

2019.5

目　录

第 1 章　　数 的 整 除 性

数学家克罗内克(L. Kronecker,1823～1891)有句名言:"上帝创造了自然数,其余都是人做的工作." 其实,自然数也是人类创造出来的,它是我们最熟悉的朋友.

自然数集$\{1,2,3,\cdots\}$通常记为 $\mathbf{N}^{(注)}$.

在集 $\mathbf{N}$ 中可以施行两种运算:加法与乘法.

要使加法的逆运算 —— 减法运算能施行,还必须引入零与负整数.我们把自然数(正整数)、零与负整数所组成的集记为 $\mathbf{Z}$,$\mathbf{Z}$ 中的数称为整数.

要使乘法的逆运算 —— 除法运算能施行,就必须引入分数(当然 0 不能作除数).整数与分数统称为有理数,有理数的集合记为 $\mathbf{Q}$.

在 $\mathbf{N}$ 中,有时也能够进行除法运算.

定义 1.1　若 a,b,c 都是整数,并且 $a=bc$,则称 a 为 b 的倍数,b 为 a 的约数(因数).又称 b 能整除 a 或 a 能被 b 整除,记作 $b\mid a$.如果 b 不能整除 a,就记作 $b\nmid a$.

除非特别申明,本章中所有字母均表示自然数.

§1.1　　奇数与偶数

1.1.1　奇数与偶数的基本性质

整数中能被 2 整除的整数称为偶数,不能被 2 整除的整数称为奇数,即偶数

注:本书遵照国际惯例,不将 0 作为自然数.

集为

$$\{0, \pm 2, \pm 4, \pm 6, \cdots\};$$

奇数集为

$$\{\pm 1, \pm 3, \pm 5, \cdots\}.$$

注意 0 是偶数,而且 0 是任何整数的倍数.

因此,我们就有奇数与偶数的基本性质:

基本性质 1.1

(1) 偶数 $\pm$ 偶数 = 偶数;

(2) 奇数 $\pm$ 奇数 = 偶数;

(3) 偶数 $\pm$ 奇数 = 奇数.

反复利用(1),(2),(3),我们就得到一般的结论:

奇数个奇数的和是奇数;偶数个奇数的和是偶数;任意正整数个偶数的和是偶数.

基本性质 1.2

(1) 奇数 $\times$ 奇数 = 奇数;

(2) 奇数 $\times$ 偶数 = 偶数;

(3) 偶数 $\times$ 偶数 = 偶数.

同样地,我们就有:

任意多个奇数的积是奇数;至少有一个乘数是偶数的积是偶数.

基本性质 1.3

(1) 如果一个偶数能被奇数整除,那么商必是偶数.

(2) 两个连续整数的积 $n(n+1)$ 是偶数.

运用奇数与偶数的基本性质,可以解决很多问题.

例 1 平方数的(正)因数的个数是奇数.

基本思路 抓住 n 的因数成对这一特点:有因数 d,就有因数 $\dfrac{n}{d}(d \leqslant \sqrt{n})$.

解 每个自然数 n 的因数是成对出现的:如果 d 是 n 的因数,那么 $\dfrac{n}{d}$ 也是 n 的因数;d 不同时,$\dfrac{n}{d}$ 也不相同.当 $d \neq \sqrt{n}$ 时,d 与 $\dfrac{n}{d}$ 不等.只有当 n 为平方数

时，$\sqrt{n}$ 是 n 的因数，与它配对的数就是 $\sqrt{n}$ 自身. 所以当且仅当 n 为平方数时，n 的因数个数为奇数.

在 d 是 n 的因数时，我们把 $\dfrac{n}{d}$ 称为 d 的共轭因数. 这样，n 为平方数时，它有一个自共轭（自己和自己共轭）的因数 $\sqrt{n}$. 反过来，如果 n 有自共轭的因数，那么它一定是平方数.

例 2 用 $\tau(n)$ 表示 n 的因数个数，试确定

$$\tau(1)+\tau(2)+\cdots+\tau(1999) \tag{①}$$

的奇偶性.

解 由例 1 的讨论可知，非平方数的因数个数是偶数，平方数的因数个数是奇数.

因为 $45>\sqrt{1999}>44$，所以 1 至 1999 中有 44 个平方数，即 ① 式中有 44 项为奇数，于是由基本性质 1.1 得 ① 式是偶数.

例 3 能否将 $\{1,2,\cdots,972\}$ 分为 12 个互不相交的子集，每个子集含 81 个元素，并且各个子集的元素的和相等？如果能，怎样分？

解 如果存在所述的分法，那么和 $1+2+3+\cdots+972$ 应是 12 的倍数，可是

$$1+2+\cdots+972=\frac{1+972}{2}\times972=973\times81\times6$$

不是 12 的倍数，矛盾！

所以，无法将题中的集合分成 12 个互不相交符合要求的子集.

说明 一般地，

(1) 设 $n>1$，当 n 为奇数，m 为正偶数时，无法将集合 $\{1,2,\cdots,mn\}$ 分为 m 个互不相交的子集，并且各个子集的元素的和相等.

不难由

$$1+2+\cdots+mn=(1+mn)\times n\times\frac{m}{2}$$

不是 m 的倍数知道这个结论成立.

(2) 当 $n>1$ 及 m 均为奇数或者 n 为偶数时，我们都可以将集合 $\{1,2,\cdots,$

3

mn}分为 m 个互不相交的子集且满足上面所述的要求.(读者可以尝试一下！)

例 4 在一条线段的内部任取 n 个点,将这些点及线段端点依次记为 A_0, A_1, $\cdots$, A_{n+1},并且将端点 A_0 染上红色, A_{n+1} 染上蓝色,其余各点染上红色或蓝色.称两端颜色不同的线段 A_iA_{i+1} $(0 \leqslant i \leqslant n)$ 为"好线段".证明,好线段的条数为奇数.

基本思路 记两种颜色的点为"$+1$"和"-1",运用基本性质解决这个问题.

解 将红色的点记为 $+1$,蓝色的点记为 -1.

考虑每条线段 A_iA_{i+1} 的两端的数的乘积.当且仅当 A_iA_{i+1} 是好线段时,乘积是 -1.

将上述 $n+1$ 个乘积($i=0,1,2,\cdots,n$)乘起来.这时 A_0,A_{n+1} 各出现一次,中间的点 $A_i(1 \leqslant i \leqslant n)$ 各出现两次,于是 $n+1$ 个乘积的积为 $1 \times (-1) = -1$. 这表明 $n+1$ 个乘积中,乘积为 -1 的个数是奇数,即好线段的条数为奇数.

1.1.2 奇偶分析

讨论某一个量的奇偶性常常有助于解题.这样的方法称为奇偶分析.

例 5 在黑板上写出三个自然数,然后擦去一个换成其他两个数的和减1,这样继续做下去,最后得到 17,1967,1983.问原来的三个数能否为 2,2,2?

基本思路 考虑各个数的奇偶性.

解 假设原来三个数是偶数,那么操作一次得到两个偶数一个奇数.

接下去的一次操作:如果擦去一个偶数,那么得到的新数仍然是偶数(因为偶＋奇－1是偶数);如果擦去一个奇数,那么得到的新数仍然是奇数.于是,这一次操作得到仍是两个偶数一个奇数.

因此,以后不论操作多少次,永远得到两个偶数一个奇数.

这就是说由 2,2,2 开始,不论进行多少次操作总是得到两个偶数一个奇数,即不可能得到三个奇数 17,1967,1983.

所以,原来的三个数不可能全为偶数 2,2,2.

例 6 已知 n 是奇数,$a_1,a_2,\cdots,a_n$ 是 $1,2,\cdots,n$ 的一个排列.证明

$$(a_1-1)(a_2-2)\cdots(a_n-n)$$

是偶数.

基本思路 若奇数个整数的和是偶数,则其中必有一个整数是偶数.

证明1 因为

$$(a_1 - 1) + (a_2 - 2) + \cdots + (a_n - n) =$$
$$(a_1 + a_2 + \cdots + a_n) - (1 + 2 + \cdots + n) = 0$$

是偶数且 n 为奇数,所以,$a_1 - 1, a_2 - 2, \cdots, a_n - n$ 中至少有一个是偶数(若 $a_1 - 1, a_2 - 2, \cdots, a_n - n$ 全是奇数,则这奇数个数的和是奇数,与它们的和为 0 矛盾).

因此,这 n 个数的积一定是偶数.

证明2 因为 n 是奇数,所以 $1, 2, \cdots, n$(即 $a_1, a_2, \cdots, a_n$)中奇数比偶数多 1 个.从而在 $(a_1, 1), (a_2, 2), \cdots, (a_n, n)$ 这 n 个数对中,至少有一个数对的两个数都是奇数.它们的差是偶数.故

$$(a_1 - 1)(a_2 - 2) \cdots (a_n - n)$$

是偶数.

例7 设 a, b, c 都是奇数,证明方程

$$ax^2 + bx + c = 0 \qquad\qquad ②$$

没有有理数解.

基本思路 反证法.利用奇偶性导出矛盾.

证明 假设式 ② 有解 $\dfrac{r}{s} \in \mathbf{Q}, r, s$ 不全为偶数(否则可以约简),即 r, s 或全为奇数或恰有一个为奇数.

如果 r, s 全是奇数,那么由

$$a\left(\frac{r}{s}\right)^2 + b\left(\frac{r}{s}\right) + c = 0,$$

得

$$ar^2 + brs + cs^2 = 0. \qquad\qquad ③$$

但 ③ 式左边各项均为奇数,且为三项,所以,它们的和为奇数,而 ③ 式右边为偶数 0,矛盾!

如果 r, s 中恰有一个奇数,那么 ③ 式左边有两项是偶数,而其余一项是奇

数.于是,它们的和也为奇数,不等于偶数 0,矛盾!

因此,方程 ② 无有理根.

例 8 能否将两个 1,两个 2,$\cdots$,两个 1990 排成一列,使得两个 $i(1 \leqslant i \leqslant 1990)$ 之间恰好有 i 个数?

解 假设能满足题中所述要求,则这些数可以从左至右编上号码 $1,2,\cdots,2 \times 1990$,号码之和

$$1 + 2 + \cdots + 2 \times 1990 = \frac{1 + 2 \times 1990}{2} \times 2 \times 1990$$

$$= 1990 \times (1 + 2 \times 1990)$$

为偶数.

但是另一方面,每两个数 i 中间恰有 i 个数.所以,在 i 为奇数时,这两个 i 的号码有相同的奇偶性,号码的和为偶数;在 i 为偶数时,两个 i 的号码的和为奇数.又由于 1 至 1990 中有 995(奇数)个偶数,所以 2 个 1,2 个 2,$\cdots$,2 个 1990 中共有 995 对 i 的号码的和为奇数.于是号码的总和为奇数.两方面的结论矛盾.

因此,不可能将 2 个 1,2 个 2,$\cdots$,2 个 1990 排成一列满足所述要求.

又解 将这列数交错地涂上黑白两色.对偶数 i,两次出现的颜色不同.对奇数 i,两次出现的颜色相同.995 个偶数共出现 995×2 次,其中 995 次白,995 次黑.因此 995 个奇数(各出现 2 次),有 995 个白,995 个黑,但奇数产生的白色必为偶数个,矛盾.

说明 将 1990 换为一般的 m,可以得到:

当且仅当 m 除以 4 余 0(即被 4 整除)或余 3 时,有满足所述要求的排法.

有兴趣的读者请参看《对应》(王子侠、单墫著,上海科技文献出版社).

例 9 将 $1,2,\cdots,n(n \geqslant 2)$ 分为无公共元素的组,使得每个数都不与它的 2 倍在同一组,问至少要分为几组?

基本思路 将数表示成 $2^k \cdot j(k \in \mathbf{N} \cup \{0\},j$ 为正奇数) 的形式.

解 至少分为 2 组.

将每个数表示成 $2^k \cdot j$ 的形式,其中 k 为非负整数,j 为正奇数.

将 k 为奇数的数作为一组,k 为偶数的数作为另一组.

显然,每一组中,没有一个数是另一个数的两倍.

例 10 证明:从 $1,2,\cdots,100$ 中任意选取 51 个数,其中必有一个数是另一个数的倍数.

基本思路 将数表示成 $2^k \cdot j$ 的形式,然后根据奇数 j 的值分组,并应用抽屉原理.

解 将 $1,2,\cdots,100$ 表示成 $2^k \cdot j$ 的形式,其中 k 为非负整数,j 为正奇数.

显然 j 只有 50 种可能,即 $1,3,5,\cdots,99$.将 j 相同的数放在同一组,这样就得到 50 个组.

$\{1,2,4,8,16,32,64\}$,

$\{3,6,12,24,48,96\}$,

$\{5,10,20,40,80\}$,

$\cdots\cdots$

$\{99\}$.

同一组中的两个数 $2^k \cdot j$ 与 $2^h \cdot j(k<h)$,由于 j 相同,一个是另一个的倍数(2^{h-k} 倍).

现在任取 51 个数.由抽屉原理,这 51 个数中必有两个在同一组,所以必有一个是另一个的倍数.

说明 (1)抽屉原理的通俗说法就是"将 5 个苹果放在 4 只抽屉里,必有一个抽屉里至少有 2 个苹果".一般地,"将 $n+1$ 个元素分为 n 组,必有一组至少含 2 个元素".

(2)例 10 中的 100 与 51 可以分别改为 $2n$ 与 $n+1$.

练 习 1.1

1. 设四个自然数之和为 1989,求证:它们的立方和不是偶数.

2. 试证明:不存在 2 个自然数,它们的差与和的乘积等于 1990.

3. 求证:17 个同学聚会,不可能每人恰好握了 3 次手.

4. 圆周上有 1999 个点,给每一个点染两次颜色,每次染红色或蓝色,共染红色 1999 次,染蓝色 1999 次.试证明:至少有一个点两次染的颜色不同.

5. 设有 n 盏亮着的灯,每盏都用拉线开关,如果规定每次必须同时拉动 $n-1$ 个拉线开关.试问:能否把所有的灯都关闭? 证明你的结论.

6. 如果两人互相握手,那么每人都记握手一次.求证:握手是奇数次的人的总数一定是偶数.

7. 桌上有 6 只盘子排成一列,雅克从中任取 2 只——一手一只.将这 2 只盘子移到与原来位置相邻的地方(向左或向右均可).如果该处已有盘子,那么将这只放在原有的上面.问能否通过上面的操作将所有的盘子并为一堆?

8. 设 $a_1, a_2, \cdots, a_n$ 是一组数,它们中的每一个都取 $+1$ 或 -1,而且 $a_1 a_2 a_3 a_4 + a_2 a_3 a_4 a_5 + \cdots + a_n a_1 a_2 a_3 = 0$,证明 n 必须是 4 的倍数.

9. 设 n 是大于 1 的自然数,证明

$$1 + \frac{1}{2} + \frac{1}{3} + \cdots + \frac{1}{n}$$

不是整数.

10. 设 $n > 0, a \geqslant 2$,证明 n^a 能够表示成 n 个连续的奇数的和.

11. 证明:没有一个形如 2^n(n 为任意自然数)的数可以表示成 2 个或 2 个以上连续自然数之和.

12. 记 A_n 为小于 $(\sqrt{3}+1)^{2n}$ 的最大整数,证明:$A_n + 1$ 能被 2^{n+1} 整除($n \geqslant 1$).

13. 边长为 n 的正三角形 ABC 被三组平行线(分别平行于 AB, BC, CA)分成 n^2 个小的正三角形,每一个的边长为 1.现在将这些小三角形的顶点染上红色、蓝色或白色,满足下列条件:

(1) AB 上的点不染红色;

(2) BC 上的点不染蓝色;

(3) CA 上的点不染白色.

证明:存在一个边长为 1 的三角形,它的顶点分别为红、蓝、白三种颜色.

*14. 是否存在一个 $\mathbf{N} \longrightarrow \mathbf{N}$ 的函数 f,满足:对所有 $n \in \mathbf{N}$,

$$f^{(1990)}(n) = 2n,$$

这里 $f^{(k)}(n) = \overbrace{f(f(f(\cdots f(n)\cdots)))}^{k \uparrow f}$.

§1.2　带余除法

1.2.1　带余除法

熟知:"被除数等于除数乘以商再加余数."也就是说,对于自然数 a 和 b,总

可以找到一对唯一确定的非负整数 q,r,满足
$$a=qb+r, \quad 0 \leqslant r < b. \tag{1.2.1}$$
这里 q 称为商,r 称为余数.

要说明 q,r 存在,只需注意
$$0,b,2b,3b,\cdots \tag{④}$$
严格增加,其中必有两项将 a"夹住",即有非负整数 q 使
$$qb \leqslant a < (q+1)b. \tag{⑤}$$
令
$$r = a - qb, \tag{⑥}$$
则(1.2.1) 式成立.

另一方面,如果 q,r 满足(1.2.1) 式,那么 q 满足 ⑤ 式,因而 q 是唯一的.r 必须满足 ⑥ 式,也是唯一确定的.

实际上 q 是 $\dfrac{a}{b}$ 的整数部分,即 $q = \left[\dfrac{a}{b}\right]$.

(1.2.1) 式称为带余除法或欧几里得(Euclid) 算法,在数论中极为重要.

例 1 请在 503 后面添 3 个数字,使所得的 6 位数被 7,9,11 整除.

基本思路 取数 504000 与 $7 \times 9 \times 11$ 做除法,然后,运用(1.2.1)式可得欲添的数字.

解 要使所得的6位数被7,9,11整除,则这个6位数必须被693($=7 \times 9 \times$ 11) 整除.

做除法 $504000 \div 693$,得
$$504000 = 693 \times 727 + 189,$$
因此,
$$504000 - 189 = 503811(=693 \times 727),$$
$$503811 - 693 = 503118(=693 \times 726),$$
它们都能被 693 整除.

于是,所添数字是 8,1,1 或 1,1,8.

说明 7,9,11 的最小的倍数为 $7 \times 9 \times 11 = 693$.

1.2.2 最小公倍数与最大公约数

定义 1.2 如果 a 是 $b_i (i=1,2,\cdots,n)$ 的倍数,那么 a 称为 $b_1,b_2,\cdots,b_n$ 的公倍数.公倍数中最小的一个称为最小公倍数,记为 $[b_1,b_2,\cdots,b_n]$.

例1中 $7\times9\times11=693$ 就是 $7\times9\times11$ 的最小公倍数,即 $[7,9,11]=693$.再如 $3,4,18$ 的最小公倍数是 36,即 $[3,4,18]=36$.

定义 1.3 如果 b 是 $a_i (i=1,2,\cdots,n)$ 的约数,那么 b 称为 $a_1,a_2,\cdots,a_n$ 的公约数.公约数中最大的一个称为最大公约数,记为 $(a_1,a_2,\cdots,a_n)$.

如果两个数的最大公约数是1,那么这两个数称为互质.

例如,$(8,9)=1$,即 8 与 9 互质.

特别地,根据定义得到

$$(a,1)=1. \tag{1.2.2}$$

即1与任意一个自然数互质.

易知 $a\pm b$ 与 b 的公约数一定是 a 与 b 的公约数.反过来,a 与 b 的公约数也是 $a\pm b$ 与 b 的公约数,所以

$$(a\pm b,b)=(a,b). \tag{1.2.3}$$

如果 d 是 a 的因数(约数),那么

$$(a,d)=d. \tag{1.2.4}$$

如何求两个或更多个数的最大公约数?

求 a,b 两个数的最大公约数可以按以下步骤进行:

不妨设 $a>b$,首先写出

$$a=qb+r,\ 0\leqslant r<b.$$

由(1.2.3)式得

$$(a,b)=(a-b,b)=\cdots=(a-qb,b)=(b,r).$$

问题化为求 (b,r).

再由带余法,写出

$$b=q_1r+r_1,\qquad 0\leqslant r_1<r.$$

同理得
$$(b,r)=(r,r_1).$$

问题化为求 (r, r_1). 如此继续下去，

$$r = q_2 r_1 + r_2, \qquad 0 \leqslant r_2 < r_1,$$

$$\cdots\cdots$$

$$r_{k-1} = q_{k+1} r_k + r_{k+1}, \qquad 0 \leqslant r_{k+1} < r_k,$$

$$\cdots\cdots$$

由于非负整数 $r_1 > r_2 > \cdots$，严格递减，因此，经过若干步将有

$$r_{n+1} = 0,$$

这时，

$$r_{n-1} = r_n q_{n+1}.$$

这表明 r_n 是 r_{n-1} 的约数，所以 $(r_n, r_{n-1}) = r_n$.

于是，

$$(a, b) = (b, r) = (r, r_1) = (r_1, r_2) = \cdots = (r_{n-1}, r_n) = r_n.$$

这就给出求 (a, b) 的一个方法.

例 2 求 $(27, 15)$.

解 $27 = 1 \times 15 + 12,$

$15 = 1 \times 12 + 3,$

$12 = 4 \times 3.$

所以 $(27, 15) = 3.$

以上步骤可以缩简为下面的算式.

$$
\begin{array}{r|r|r}
27 & 1 & 15 \\
15 & 1 & 12 \\ \hline
12 & 4 & 3 \\ \hline
12 & &
\end{array}
$$

每次的商 1，1，4 写在两道竖线之间.这种演算通常称为辗转相除法.

求最大公约数还可以利用质因数分解（请参见 §1.4）.例 2 如用后者更为简单.但在难以进行质因数分解时，就需要用辗转相除法.

例 3 大厦公司销售某种货物，去年总收入为 36963 元.今年每件货物的售价（单价）不变，总收入 59570 元.如果单价（以元为单位）是大于 1 的整数，问今年与去年各售这种货物多少件？

解 单价是 36963 与 59570 的公约数,由辗转相除法得出 $(36963,59570)$ $=37$.

$$
\begin{array}{r|c|r}
36963 & 1 & 59570 \\
22607 & 1 & 36963 \\
\hline
14356 & 1 & 22607 \\
8251 & 1 & 14356 \\
\hline
6105 & 1 & 8251 \\
4292 & 2 & 6105 \\
\hline
1813 & 1 & 2146 \\
1665 & 5 & 1813 \\
\hline
148 & 2 & 333 \\
 & & 296 \\
148 & 4 & \\
\hline
 & & 37
\end{array}
$$

因为 37 的约数只有 1 与本身,所以 36963,59570 的大于 1 的公约数只有 37,即单价为 37 元.

于是,今年售出 $59570 \div 37 = 1610$(件),去年售出 $36963 \div 37 = 999$(件).

思考 如何求 n 个数 $a_1, a_2, \cdots, a_n$ 的最大公约数呢?

可以用连续求两个数的最大公约数的方法去完成,即先求出 $d_1 = (a_1, a_2)$,再求 $d_2 = (d_1, a_3) = (a_1, a_2, a_3)$.这样继续下去,最后得出

$$d_{n-1} = (d_{n-2}, a_n) = \cdots = (a_1, a_2, \cdots, a_n).$$

1.2.3 裴蜀恒等式

带余除法不仅可以实际求出 (a, b),而且还可以导出一个在理论上极为重要的裴蜀(Bézout,1730—1783) 恒等式:

$$(a, b) = ua + vb, \tag{1.2.5}$$

其中 u, v 是两个整数.

为了证明(1.2.5) 式,我们运用求两个数 a, b 最大公约数中的等式:

$$r_{n-2} = q_n r_{n-1} + r_n.$$

即

$$(a, b) = r_n = r_{n-2} - q_n r_{n-1}.$$

类似地(将 n 换作 $n-1$),

$$r_{n-1} = r_{n-3} - q_{n-1} r_{n-2}.$$

代入上式得

$$(a,b) = u_1 r_{n-1} + v_1 r_{n-3},$$

其中 $u_1, v_1 \in \mathbf{Z}$.

再将 $r_{n-2} = r_{n-4} - q_{n-2} r_{n-3}$ 代入消去 r_{n-2}, $\cdots$ 直至产生(1.2.5)式.

上面的证明方法也给出了 u,v 的具体算法.

(1.2.5)式中的 u,v 并非唯一确定的.事实上,由(1.2.5)可得

$$(a,b) = (u+kb)a + (v-ka)b,$$

k 为 $\mathbf{Z}$ 中任一数,于是总可以假定(1.2.5)中的 u 满足 $0 < u \leqslant b$.否则,将 u 加上若干个 b(若 $u \leqslant 0$)或减去若干个 b(若 $u > b$).

由于 $0 < (a,b) \leqslant a$,所以在 $0 < u \leqslant b$ 时,

$$0 \leqslant -vb = ua - (a,b) < ba,$$

从而

$$0 \leqslant -v < a.$$

因此我们有(将上面的 $-v$ 改记为 v)

$$(a,b) = ua - vb,$$

其中 $0 < u \leqslant b, 0 \leqslant v < a$.

当 a,b 互质时,就有整数 u,v 满足

$$1 = ua - vb, \quad 0 < u \leqslant b, \quad 0 \leqslant v < a \tag{1.2.6}$$

这是裴蜀恒等式的特殊情形,它是极为有用的.

裴蜀恒等式还可以推广至多个数的最大公约数.利用 §1.3 中的方法或数学归纳法不难证明:

对于任意的正整数 $a_1, a_2, \cdots, a_n$ 存在整数 $k_1, k_2, \cdots, k_n$,使得

$$k_1 a_1 + k_2 a_2 + \cdots + k_n a_n = (a_1, a_2, \cdots, a_n).$$

例 4 两个容器,一个容量为 27L,另一个为 15L,如何利用它们从一桶油中倒出 6L 油来?

解 由例 2 可知 $(27,15) = 3$,且

$$27 = 1 \times 15 + 12,$$
$$15 = 1 \times 12 + 3,$$

从而

$$3 = 15 - 1 \times 12 = 15 - 1 \times (27 - 1 \times 15),$$

即

$$3 = 2 \times 15 - 27,$$

于是

$$6 = 4 \times 15 - 2 \times 27.$$

这表明需往小容器里倒 4 次油,每次倒满就向大容器里倒,大容器满了就往桶里倒.这样在大容器第二次倒满时,小容器里剩下的就是 6 L.

说明 其实,我们可以用心算得到

$$3 = 2 \times 15 - 27,$$

但在一般情况下,需用导出(1.2.5)式的方法,我们在这里用具体的数(27 与 15)显示了一般的方法.

例 5 已知一个角的度数为 $\dfrac{180°}{n}$,其中 n 是不被 3 整除的正整数.证明这个角可以用圆规与直尺三等分.

解 因为 n 与 3 互质,由(1.2.6)式有

$$1 = un - 3v,$$

其中 u, v 均为正整数,从而

$$\frac{60°}{n} = u \cdot 60° - \frac{180°}{n} \cdot v.$$

这表明先作角等于 $u \cdot 60°$(60° 角可用尺规作出),然后再减去 $v \cdot \dfrac{180°}{n}$($\dfrac{180°}{n}$ 是已知角),就产生 $\dfrac{60°}{n}$ 的角,即 $\dfrac{180°}{n}$ 的 $\dfrac{1}{3}$.

众所周知,不是每个角都能用尺规三等分,例如 60° 的角就无法用尺规三等分.

例 6 已知 $ad - bc = 1$,证明:$\dfrac{a+b}{c+d}$ 是既约分数(即 $a+b$ 与 $c+d$ 互质).

基本思路 满足(1.2.6)式的两个数 a, b 必定互质.

解 由于

$$a \cdot (c+d) - c(a+b) = ad - bc = 1,$$

于是 $c+d$ 与 $a+b$ 互质,即

$$\frac{a+b}{c+d}$$

是既约分数.

例 7 证明:对于每个自然数 n,$\dfrac{21n+4}{14n+3}$ 为既约分数.

解 只要证明 $\dfrac{7n+1}{14n+3}$ 为既约分数.

由于

$$(14n+3)-2(7n+1)=1,$$

所以,$14n+3$ 与 $7n+1$ 互质.结论成立.

说明 还可以利用(1.2.3)式得出

$$(21n+4,14n+3)=(7n+1,14n+3)$$
$$=(7n+1,1)=1.$$

例 8 证明:存在一个有理数 $\dfrac{c}{d}$,其中 $d<100$,能使

$$\left[k\,\frac{c}{d}\right]=\left[k\cdot\frac{73}{100}\right]. \tag{⑦}$$

对于 $k=1,2,\cdots,99$ 均成立,这里 $[x]$ 表示实数 x 的整数部分,即不超过 x 的最大整数(参看第 3 章 §3.1).

基本思路 运用裴蜀恒等式.

解 首先注意到 73 与 100 互质,因此有 c,d 存在,使

$$73d-100c=1.$$

我们证明对于任一 $k\in\{1,2,\cdots,99\}$,⑦ 式均成立.

事实上,设 $\left[\dfrac{kc}{d}\right]=n$,由于 $k<100$,

$$\frac{73}{100}k-\frac{kc}{d}=\frac{k(73d-100c)}{100d}=\frac{k}{100d},$$

所以,

$$0<\frac{73k}{100}-\frac{kc}{d}<\frac{1}{d}. \tag{⑧}$$

15

注意由 $\left[\dfrac{kc}{d}\right]=n$，得

$$\frac{kc}{d} < n+1 = \frac{(n+1)}{d}d,$$

所以

$$\frac{73k}{100} < \frac{kc+1}{d} \leqslant \frac{(n+1)d}{d} = n+1,$$

从而

$$\left[\frac{73k}{100}\right] = n = \left[\frac{kc}{d}\right].$$

练　习　1.2

1. 求：(1) $(5767,4453)$；

    (2) $(3141,1592)$；

    (3) $(136,221,391)$.

2. (1) 证明：对于所有 $n>0$，有 $(n,n+1)=1$.

    (2) 当 $n>0$ 时，$(n,n+2)$ 可取什么值？

    (3) 当 $n>k>0$ 时，$(n,n+k)$ 可取什么值？

3. 求证：若 $(a,b)=1$，则

    (1) $(a\pm b,ab)=1$；

    (2) $(a+b,a-b)=1$ 或 $(a+b,a-b)=2$.

4. 求出能使

$$36x+83y=1$$

成立的两个整数 x,y.

5. 有满足 $36x+28y=1$ 的整数 x,y 吗？为什么？

6. 二数之和是 432，它们的最大公约数是 36，求此二数.

7. 证明：如果 a,b 是正整数，那么数列

$$a,2a,3a,\cdots,ba$$

中能被 b 整除的项的个数等于 a 和 b 的最大公约数 (a,b).

§1.3 质因数分解定理

我们知道,正整数可以按因数的多少分为三类:

第 1 类仅含一个数 1,称为单位;

第 2 类中的数叫作质数(素数).质数大于 1,并且仅有两个因数,即 1 与自身,如 5,7,31 等;

第 3 类中的数叫作合数.合数有真因数,即有不同于 1 与自身的因数.

质数中只有 1 个是偶数,即 2.其余的质数都是奇数.当然奇数不都是质数,如 $15 = 3 \times 5$ 是合数.

如果质数 p 是 a 的因数(约数),那么,p 称为 a 的质因数.

例 1　证明:如果质数 p 是 ab 的因数,那么 p 一定是 a 或 b 的因数.

解　如果 p 不是 a 的因数,那么 p 与 a 的公因数只有 1.

由(1.2.6)式可知,存在整数 u,v 使得

$$1 = ua + vp.$$

从而

$$b = uab + vbp.$$

又 $p \mid ab$,所以上式右边两项均被 p 整除,因而左边的 b 被 p 整除.

说明　(1)例 1 体现了质数的基本特性.

(2)利用例 1,我们可以得质因数分解定理(又称算术基本定理).

质因数分解定理　每一个大于 1 的整数 n 都能分解成质因数的乘积,并且若不考虑因数的次序,则分解的方式是唯一的,即 n 可以唯一地表成

$$n = p_1^{\alpha_1} p_2^{\alpha_2} \cdots p_k^{\alpha_k}, \tag{1.3.1}$$

其中 $p_1, p_2, \cdots, p_k$ 为不同的质数,$\alpha_1, \alpha_2, \cdots, \alpha_k \in \mathbf{N}$.

证明　首先用数学归纳法证明 n 可以分解为质因数的积.

n 为质数时,无须进行分解.

假设 n 为合数并且小于 n 的数均可分解为质因数的积.由于 n 为合数,存在真因数 n_1 及 $n_2\left(= \dfrac{n}{n_1}\right)$,满足 $n = n_1 n_2$,且 $n_1 < n, n_2 < n$.

根据归纳假设, n_1, n_2 都可分解为质因数的积, 因而 n 可分解为质因数的积.

其次, 证明 n 的分解式是唯一的.

若有

$$n = p_1 p_2 \cdots p_s = q_1 q_2 \cdots q_t, \qquad\qquad ⑨$$

这里 p_i 及 $q_j (1 \leqslant i \leqslant s, 1 \leqslant j \leqslant t)$ 均为质数(允许其中有相同的), 则 $p_1 \mid q_1 q_2 \cdots q_t$, 由例 1 推知 p_1 必整除 $q_1, q_2, \cdots, q_t$ 中某一个, 不失一般性, 可假设 $p_1 \mid q_1$, 但 q_1 是质数, 所以 $p_1 = q_1$.

在 ⑨ 式两边约去 $p_1 (= q_1)$ 得

$$p_2 \cdots p_s = q_2 \cdots q_t.$$

仿照上面的讨论可得(需要时适当调整编号)

$$p_2 = q_2, \cdots, p_s = q_s, \text{并且} s = t.$$

于是 n 的分解式是唯一的.

利用质因数分解定理可以导出许多重要的结论.例如:

推论 1.1 如果 $c \mid ab$, $(c, a) = 1$, 那么 $c \mid b$.

推论 1.2 如果 $a \mid n$, $b \mid n$, $(a, b) = 1$, 那么 $ab \mid n$.

前面提到用带余法(辗转相除法)可以求得两数的最大公约数和最小公倍数.现在也可以利用质因数分解来求得.

例 2 求 27 与 15 的最大公约数与最小公倍数.

解 因为 $27 = 3^3$, $15 = 3 \times 5$, 所以

$$(27, 15) = 3, \quad [27, 15] = 3^3 \times 5 = 135.$$

一般地, $a = p_1^{\alpha_1} p_2^{\alpha_2} \cdots p_k^{\alpha_k}$ 与 $b = p_1^{\beta_1} p_2^{\beta_2} \cdots p_k^{\beta_k} (\alpha_i, \beta_i \geqslant 0, i = 1, 2, \cdots, k)$ 的最大公约数为

$$p_1^{\gamma_1} p_2^{\gamma_2} \cdots p_k^{\gamma_k}, \quad \gamma_i = \min(\alpha_i, \beta_i), \quad i = 1, 2, \cdots, k.$$

而最小公倍数为

$$p_1^{\delta_1} p_2^{\delta_2} \cdots p_k^{\delta_k}, \quad \delta_i = \max(\alpha_i, \beta_i), \quad i = 1, 2, \cdots, k.$$

由于

$$\gamma_i + \delta_i = \alpha_i + \beta_i, i = 1, 2, \cdots, k,$$

所以

$$ab = (a, b)[a, b].$$

于是,我们就得到

推论 1.3 如果 a, b 是正整数,那么

$$ab = (a, b)[a, b].\tag{1.3.2}$$

例 3 求使 $1989m$ 为平方数的最小的 m.

解 由于 $1989 = 3^2 \times 17 \times 13$,所以 m 应取

$$m = 17 \times 13 = 221.$$

一般地,当且仅当 n 的分解式(1.3.1)中 α_i 全为偶数($1 \leqslant i \leqslant k$)时,$n$ 为平方数;当且仅当 α_i 全为 3 的倍数($1 \leqslant i \leqslant k$)时,$n$ 为立方数.

例 4 如果 n 的分解式(1.3.1)中,所有 $\alpha_i > 1$($1 \leqslant i \leqslant k$),那么 n 称为幂数.例如,$8 = 2^3$,$9 = 3^2$ 都是幂数,并且是一对连续的幂数.是否有无穷对连续的幂数存在?

基本思路 从一对连续幂数出发,构造出另一对连续幂数.由此得出有无穷多对连续的幂数.

解 设 n 与 $n+1$ 是一对连续的幂数,则 $4n(n+1)$ 是幂数,而

$$4n(n+1) + 1 = (2n+1)^2$$

也是幂数.

因此,我们可以从 8、9 出发,得到无穷多对连续的幂数:288,289,….

利用代数式的因式分解往往可以判定一个数具有某种性质(如合数、平方数等).

例 5 对于任意给定的自然数 n,证明必有无穷多个自然数 a,使 $n^4 + a$ 为合数.

基本思路 配方并运用公式 $a^2 - b^2$.

证明 取 $a = 4m^4$,则

$$
\begin{aligned}
n^4 + 4m^4 &= n^4 + 4m^2n^2 + 4m^4 - 4m^2n^2 \\
&= (2m^2 + n^2)^2 - 4m^2n^2 \\
&= (2m^2 + n^2 - 2mn)(2m^2 + n^2 + 2mn).
\end{aligned}
$$

当 $m > 1$ 时,

$$2m^2 + n^2 - 2mn = (m-n)^2 + m^2 > 1,$$

因此 $2m^2 - 2mn + n^2$ 是 $n^4 + a$ 的真因数,即 $n^4 + a$ 为合数.

由 m 的任意性可知结论成立.

例 6 设 $m = 8^n + 9n^2$,当 $n = 1, 3, 5$ 时 m 均为质数.是否对每一个奇数 n,m 均为质数?

基本思路 观察 m 的结构特征,想到令 $n = 9k^3$ 并运用立方和的公式.

解 答案是否定的.

我们可以证明存在无穷多个奇数 n,使 m 都为合数.

取 $n = 9k^3$,这里 k 是奇数,则

$$
\begin{aligned}
m &= 8^n + 9n^2 \\
&= (2^n)^3 + 9(9k^3)^2 \\
&= (2^n)^3 + (9k^2)^3 \\
&= (2^n + 9k^2)(2^{2n} - 2^n \cdot 9k^2 + 81k^4),
\end{aligned}
$$

显然 $2^n + 9k^2$ 是 m 的真因数,所以 m 为合数.

例 7 n 是正整数,证明 $n^2 + n + 1$ 不是平方数.

证明 因为

$$n^2 < n^2 + n + 1 < (n+1)^2,$$

即 $n^2 + n + 1$ 夹在两个连续整数的平方之间,所以它不是平方数.

说明 (1) 用二次三项式的判别式非零只能断定 $n^2 + n + 1$ 不是平方式,但不能断定它一定不是平方数.

(2) 例 7 证明中运用了"两边夹"的基本思想,这在解决初等数论问题中是经常用到的.

例 8 证明:4 个连续自然数的乘积加上 1 一定是平方数.

解 设这 4 个数为 $n, n+1, n+2, n+3$,则

$$
\begin{aligned}
& n(n+1)(n+2)(n+3) + 1 \\
&= (n^2 + 3n)(n^2 + 3n + 2) + 1 \\
&= (n^2 + 3n + 1)^2
\end{aligned}
$$

是平方数.

例8说明连续4个连续正整数的积一定不是平方数.3个连续正整数的积是否为平方数?

例9 证明3个连续正整数的积不是平方数.

解 令这3个数为 $n-1$, n, $n+1$.

假设这3个数的积为 m^2(m 为正整数),则

$$(n-1)n(n+1)=n(n^2-1)=m^2 \qquad\qquad ⑩$$

由 $(n^2-1, n^2)=1$ 得 $(n^2-1, n)=1$.所以由 ⑩ 得

$$n^2-1=a^2, \quad n=b^2, \quad 且 ab=m.$$

而

$$1=n^2-a^2=(n-a)(n+a)\geqslant n+a>2a,$$

矛盾!

所以 ⑩ 不成立.

说明 容易证明两个连续正整数的积不是平方数(参见例7).

一般地,任意多个连续正整数的积

$$x(x+1)\cdots(x+n)\neq y^2,$$

但其证明相当困难.

例10 证明:当 2^n+1 为质数时,n 一定是 2 的整数幂.

解 设 $n=2^k \cdot j$,k 为非负整数,j 为正奇数.

若 $j>1$,则

$$2^n+1=(2^{2^k})^j+1^j$$
$$=(2^{2^k}+1)((2^{2^k})^{j-1}-(2^{2^k})^{j-2}+\cdots+1^{j-1}),$$

$2^{2^k}+1$ 是 2^n+1 的真因数,因而 2^n+1 是合数.

所以 2^n+1 为质数时必有 $j=1$,即有 $n=2^k$.

思考 2^n-1 为质数时,n 是什么数?

例11 证明:当 2^n-1 为质数时,n 一定为质数.

证明 若 n 为合数,令 $n=ab$,$1<a<n$,则

$$2^n-1=(2^a)^b-1^b$$
$$=(2^a-1)[(2^a)^{b-1}+(2^a)^{b-2}+\cdots+1^{b-1}].$$

因为 2^a-1 是 2^n-1 的真因数, 2^n-1 是合数, 所以, 2^n-1 为质数时, n 一定是质数.

形如 $2^{2^k}+1$ 的数称为费马(Fermat, 1601—1665)数, 记为 F_k.

$$F_1=2^2+1=5,$$
$$F_2=2^{2^2}+1=2^4+1=17,$$
$$F_3=2^{2^3}+1=2^8+1=257,$$
$$F_4=2^{2^4}+1=2^{16}+1=65537.$$

都是质数.因此, 费马断言对所有的 k, F_k 都是质数.

他说错了!

因为

$$F_5=2^{2^5}+1=4294967297=641\times6700417,$$
$$F_6=2^{2^6}+1=18446744073709551616$$
$$=274177\times67280421310721,$$

都是合数.

形如 2^p-1 的质数称为梅森(Mersenne, 1588—1648)质数, 记为 M_p, 即 $M_p=2^p-1$.

到目前为止, 已知的梅森质数共 51 个, 即在 $M_p=2^p-1$ 中, $p=2,3,5,7,$ $13,17,19,31,61,89,107,127,521,607,1279,2203,2281,3217,4253,4423,$ $9689,9941,11213,19937,21701,23209,44497,86243,110503,132049,216091,$ $756839, 859433, 1257787, 1398269, 2976221, 3021377, 6972593, 13466917,$ $20996011, 24036583, 25964951, 30402457, 32582657, 37156667, 42643801,$ $43112609,57885161,74207281,77232917,82589993$ 时 M_p 为质数.其中从 $p=$ 521 开始的质数 M_p 是 1952 年以后用电子计算机陆续发现的.2018 年 12 月发现的梅森质数为 $M_{82589993}=2^{82589993}-1$, 共有 24862048 位.

利用代数式的因式分解, 可以证明一个数为合数.但是, 一个代数式不可分解, 并不意味着它不可以表示合数, 例如 n^2+16, 作为 n 的多项式不可能在实数范围内分解(因判别式小于 0), 但 $n=3$ 时, $n^2+16=25=5^2$ 是合数, 且是平方数.

练　习　1.3

1. 证明:若正整数 a , b , c 满足

$$c \mid ab, (c, a) = 1,$$

则 $c \mid b$.

2. 证明:若正整数 a , b , n 满足

$$a \mid n, b \mid n, (a, b) = 1,$$

则 $ab \mid n$.

3. 若质数 $p \geqslant 5$,且 $2p + 1$ 是质数,则 $4p + 1$ 是合数.

4. 对于任意的整数 $n > 1$,证明:总可以找到 n 个连续的合数.

5. 求 72 与 480 的最大公约数和最小公倍数.

6. 举例说明下面的命题不成立:

若 $d \mid ab$,必有 $d \mid a$ 或 $d \mid b$.

7. (1) 迪波瓦尔(DeBouvelles) 曾断言:

对所有 $n \geqslant 1$, $6n + 1$ 和 $6n - 1$ 中至少有一个是质数.

举例说明他的断言错了.

(2) 证明:有无穷多个 n 使 $6n - 1$ 和 $6n + 1$ 同时为合数.

8. 设 p 是合数 n 的最小素因数,证明:若 $p > n^{\frac{1}{3}}$,则 $\dfrac{n}{p}$ 是素数.

9. 求出满足等式

$$x^y + 1 = z$$

的所有的质数 x , y , z.

10. 说明下列质数判别法正确:

若 n 为大于 5 的奇数,且存在互质的整数 a 和 b ,使

$$a - b = n \quad \text{和} \quad a + b = p_1 p_2 \cdots p_k$$

(其中 p_1 , p_2 , $\cdots$, p_k 是小于 $\sqrt{n}$ 的所有奇质数),则 n 是质数.

§1.4 质　　数

质数(即素数)是组成自然数的"元素"、"原子",每个(大于 1 的)自然数都可以唯一地表示成质数的乘积.从乘法运算来看,质数是最简单的、最基本的.但是,直到现在人们对于质数分布的规律仍然知之甚少,在这个领域里充满着问题与猜测.本节将讨论质数中最基本的几个问题.

1.4.1　质数的无限性

自然数是无限的,因为每一个自然数 n 都有一个后继 $n+1$.质数的个数也是无限的,这一点不很显然,需要加以证明.

基本性质 1.4　质数的个数是无限的.

证明　用反证法.

假设只有有限多个质数 $p_1, p_2, \cdots, p_n$,则数 $p_1, p_2, p_3, \cdots, p_n$ 都不整除 $p_1 p_2 \cdots p_n + 1$.于是数 $p_1 p_2 \cdots p_n + 1$ 的质因数与 $p_1, p_2, \cdots, p_n$ 都不相同.因而与假设只有有限多个质数 $p_1, p_2, \cdots, p_n$ 矛盾.

所以,质数的个数是无限的.

说明　(1) 这个证明与欧几里得《原本》(《原本》第 Ⅸ 卷命题 20) 中的证明大致相同.

(2) 这个证明的基本思路是:在假设只有有限个质数的情形下,设法找一个新的与 $p_1, p_2, \cdots, p_n$ 都不同的质数.但质数不易找到,转而找一个合数,它不被 $p_1, p_2, \cdots, p_n$ 整除.

这样的思路常用于证明某种数的无限性.

(3) 我们还可以用费马数证明质数是无限的.

虽然费马数并不全为质数,但费马数是无限的,因此,如果能够知道每两个费马数互素,那么每一个费马数的质因数都与其他的费马数的质因数不同,从而可知,质数的个数是无限的.

下面证明对每个正整数 k,

$$(F_n, F_{n+k}) = 1. \tag{1.4.1}$$

因为

$$F_{n+k} - 2 = 2^{2^{n+k}} - 1$$
$$= \left[(2^{2^n})^{2^k-1} - (2^{2^n})^{2^k-2} + \cdots - 1 \right] (2^{2^n} + 1),$$

所以

$$F_n \mid (F_{n+k} - 2).$$

又

$$(F_{n+k}, F_{n+k} - 2) = (F_{n+k}, 2) = 1,$$

所以(1.4.1)式成立.

(4) 我们还可以对 $\leqslant x$ 的质数的个数进行估计,从而不仅得到定性的结论 —— 质数有无穷多个,而且知道质数在某个界限下的大概个数.这也是数论(尤其是解析数论)中常用的方法.

设 $\leqslant x$ 的质数为 p_1, p_2, $\cdots$, p_l.考虑所有 $\leqslant x$ 的自然数 n.

由唯一分解定理可以把 n 表示成

$$n = p_1^{\alpha_1} p_2^{\alpha_2} \cdots p_l^{\alpha_l},$$

其中 α_1, α_2, $\cdots$, α_l 是非负整数.从而有自然数 n_1, m 满足

$$n = n_1^2 \cdot m,$$

其中 m 无平方因子(所有的平方因子都归入 n_1^2 中) 即

$$m = p_1^{\beta_1} p_2^{\beta_2} \cdots p_l^{\beta_l},$$

其中 $\beta_i = 0$ 或 $1(i = 1, 2, \cdots, l)$.

由于每个 β_i 只有两种不同的取法(0 或 1),所以 m 的种数 $\leqslant 2^l$.

另一方面,由 $n \leqslant x$ 得 $n_1 \leqslant \sqrt{x}$,所以 n_1 的种数 $\leqslant \sqrt{x}$.

每一个 n 由一对 n_1, m 确定,所以 n 的种数 $\leqslant \sqrt{x} \cdot 2^l$.由于不超过 x 的自然数 n 恰有 x 个,所以

$$x \leqslant \sqrt{x} \cdot 2^l,$$

从而

$$l \geqslant \frac{\log x}{\log 4} \tag{1.4.2}$$

所以 $\leqslant x$ 的质数个数 l 随 x 的增加趋于无穷.

例 1 证明:形如 $4k-1$ 的质数是无限的.

证明 仿照上述欧几里得证明的思路,假设只有有限多个形如 $4k-1$ 的质数 p_1, p_2, ⋯, p_n, 取数 $4p_1p_2\cdots p_n-1$, 这个数的质因数一定是奇数,即 $4k+1$ 或 $4k-1$ 的形式.

形如 $4k+1$ 的数,积也是 $4k+1$ 的形式.而这个数 $4p_1p_2\cdots p_n-1$ 是 $4k-1$ 的形式,所以它至少有一个形如 $4k-1$ 的质因数 p. 显然 p 与 p_1, p_2, ⋯, p_n 都不相同,矛盾!

因此,形如 $4k-1$ 的质数是无限的.

一般地,狄利克雷(Dirichlet,1805—1859)证明了如下定理:

定理 1.1 当 a 与 b 互质时,算术级数(即等差数列)

$$a, a+b, a+2b, \cdots, a+kb, \cdots$$

中含有无穷多个质数.

例 2 证明:相邻质数之间的间隔可以任意地大,也就是对于任意的 $n>1$, 总可以找到 n 个连续的合数.

证明 考虑

$$(n+1)!+2, (n+1)!+3, \cdots, (n+1)!+n+1.$$

这是 n 个连续的合数,因为它们分别有真因数 2, 3, ⋯, $n+1$.

由于在 $(n+1)!+2$ 前面的质数与在 $(n+1)!+n+1$ 后面的质数的差 $\geqslant n+1$, 且 n 可以任意选择,所以相邻质数的差可以任意地大.

说明 切比雪夫(Chebyshev,1821—1894)证明:在 $m>1$ 时,m 与 $2m$ 之间至少有一个质数.

1.4.2 爱拉托斯散的筛子

为了把质数从自然数中筛选出来,古希腊的数学家爱拉托斯散(Eratosthenes,约前 276—前 195)设计了一种筛法.

例如,为了列出 100 以内的质数,我们可以先把自然数 2 至 100 全部写出.然后,取所有 $\leqslant \sqrt{100}=10$ 的质数,也就是 2, 3, 5, 7 作为"筛子",把上面列出的数中被 2 整除的数全部划去,再把被 3 整除的、被 5 整除的、被 7 整除的数也逐一划去,最后留下的数就是 100 以内的全部质数.

$$
\begin{array}{cccccccccc}
 & 2 & 3 & \not4 & 5 & \not6 & 7 & \not8 & \not9 \\
\not{10} & 11 & \not{12} & 13 & \not{14} & \not{15} & \not{16} & 17 & \not{18} & 19 \\
\not{20} & \not{21} & \not{22} & 23 & \not{24} & \not{25} & \not{26} & \not{27} & \not{28} & 29 \\
\not{30} & 31 & \not{32} & \not{33} & \not{34} & \not{35} & \not{36} & 37 & \not{38} & \not{39} \\
\not{40} & 41 & \not{42} & 43 & \not{44} & \not{45} & \not{46} & 47 & \not{48} & \not{49} \\
\not{50} & \not{51} & \not{52} & 53 & \not{54} & \not{55} & \not{56} & \not{57} & \not{58} & 59 \\
\not{60} & 61 & \not{62} & \not{63} & \not{64} & \not{65} & \not{66} & 67 & \not{68} & \not{69} \\
\not{70} & 71 & \not{72} & 73 & \not{74} & \not{75} & \not{76} & \not{77} & \not{78} & 79 \\
\not{80} & \not{81} & \not{82} & 83 & \not{84} & \not{85} & \not{86} & \not{87} & \not{88} & 89 \\
\not{90} & \not{91} & \not{92} & \not{93} & \not{94} & \not{95} & \not{96} & 97 & \not{98} & \not{99} \\
\not{100} & & & & & & & & &
\end{array}
$$

理由如下:如果 n 不是质数,那么 n 有真因数 a,b,满足

$$n = ab,$$

不妨设 $a \leqslant b$,这时

$$a^2 \leqslant ab = n,$$

从而 $a \leqslant \sqrt{n}$,即 n 一定有真因数 a 不超过 $\sqrt{n}$.也就是说,如果 n 没有 $\leqslant \sqrt{n}$ 的真因数,那么 n 一定是质数.

例 3 判别 32993 是否为质数?

解 因为

$$182 > \sqrt{32993} > 181,$$

所以用不超过 181 的所有质数去除 32993,即用 2,3,5,7,11,13,17,19,23,29,31,37,41,43,47,53,59,61,67,71,73,79,83,89,97,101,103,107,109,113,127,131,137,139,149,151,157,163,167,173,179,181 去除 32993,看看能否整除.

由于这些数都不能整除 32993,所以 32993 是质数(这是 §1.3 例 6 中的数).

说明 100 以内的质数只有 25 个.

我们把质因数个数较少的数称为殆质数.如果只有 1 个质因数,那么它就是质数;如果至多有 2 个质因数,把它记为 p_2,即 $p_2 = p$ 或 $p_1 p_2$,这里 p,p_1,p_2 为质数;类似地,如果至多有 n 个质因数,我们把它记为 p_n.

数论中有不少结果是关于质数与殆质数的.例如哥德巴赫猜测:每一个大于 4 的偶数都是两个质数之和.目前最好的结果是"1+2",即每一个充分大的偶数都是一个质数与一个殆质数 p_2 的和.这是我国数学家陈景润证明的.

例 4 如果对于所有 $\leqslant \sqrt[k]{n}$ 的质数 p,n 不能被 p 整除,证明 n 至多为 $k-1$ 个质数(允许相同)的乘积.

证明 假设 $p_1 p_2 \cdots p_k \mid n$,其中 $p_1 \leqslant p_2 \leqslant \cdots \leqslant p_k$ 都是质数,则

$$p_1^k \leqslant n,$$

即 $p_1 \leqslant \sqrt[k]{n}$,但 $p_1 \mid n$,这与已知矛盾.

所以结论成立.

由例 4 可以看出,如果"筛子"精细一些,用 $\leqslant \sqrt{n}$ 的质数来筛,剩下的是不超过 n 的质数;如果"筛子"粗糙一些,用 $\leqslant \sqrt[3]{n}$ 的质数来筛,剩下的是不超过 n 的殆质数 p_2.

例 5 每一个大于 11 的自然数都是两个合数的和.

解 每一个大于 6 的偶数都可以写成 $4 + 2k$ 的形式,其中 $k > 1$.

每一个大于 11 的奇数可以写成 $9 + 2k$ 的形式,其中 $k > 1$.

例 6 证明:有无穷多个 n,使 $n^2 + n + 41$(i) 表示合数;(ii) 为 43 整除.

解 $n^2 + n + 41$ 在 $n = 1, 2, \cdots, 39$ 时表示为质数,而在 $n = 41k$ 时显然为合数(有真因数 41).

当 $n = 43m + 1$ 时,

$$n^2 + n + 41$$
$$= (1 + 43m)^2 + (1 + 43m) + 41$$
$$= 43(m(2 + m) + m + 1)$$

被 43 整除.

说明 可以证明每一个整系数的多项式 $f(n)$,都不可能对每个 $n \in \mathbf{N}$ 永远是质数.

例 7 设 p 为奇质数,证明:和

$$1+\frac{1}{2}+\frac{1}{3}+\cdots+\frac{1}{p-1}=\frac{a}{b}$$

的分子 a 是 p 的倍数.

证明 因为

$$\frac{a}{b}=1+\frac{1}{2}+\frac{1}{3}+\cdots+\frac{1}{p-1},$$

$$\frac{a}{b}=\frac{1}{p-1}+\frac{1}{p-2}+\cdots+\frac{1}{2}+1,$$

相加得

$$\frac{2a}{b}=\frac{p}{p-1}+\frac{p}{2(p-2)}+\cdots+\frac{p}{p-1},$$

所以

$$2a\cdot(p-1)! = p \text{ 的倍数},$$

但 p 为奇质数,因此 $p\nmid 2(p-1)!$,得 $p\mid a$.

思考 在 p 为大于 3 的质数时,可以进一步证明 $p^2\mid a$ 吗?

例 8 设

$$\frac{a}{b}=1-\frac{1}{2}+\frac{1}{3}-\cdots-\frac{1}{1318}+\frac{1}{1319},$$

证明 a 被 1979 整除.

基本思路 化 $\frac{a}{b}$ 为若干项的和.

证明 因为

$$1-\frac{1}{2}+\frac{1}{3}-\frac{1}{4}+\cdots-\frac{1}{2n}+\frac{1}{2n+1}$$

$$=\left(1+\frac{1}{2}+\frac{1}{3}+\cdots+\frac{1}{2n+1}\right)-2\left(\frac{1}{2}+\frac{1}{4}+\cdots+\frac{1}{2n}\right)$$

$$=1+\frac{1}{2}+\frac{1}{3}+\cdots+\frac{1}{2n+1}-\left(1+\frac{1}{2}+\cdots+\frac{1}{n}\right)$$

$$=\frac{1}{n+1}+\cdots+\frac{1}{2n+1},$$

于是

$$\frac{a}{b} = \frac{1}{660} + \frac{1}{661} + \cdots + \frac{1}{1319}.$$

由于 $660+1319 = 661+1318 = \cdots = 1979$，且 1979 是质数，于是由例 7 知 $1979 \mid a$.

在数论中用 $\pi(n)$ 表示不超过 n 的质数个数，我们已有 $\pi(n) \to +\infty (n \to +\infty)$，切比雪夫曾经证明在 n 与 $2n$ 之间至少有一个质数，即 $\pi(2n) - \pi(n) \geqslant 1$. 人们猜测在 n^2 与 $(n+1)^2$ 之间至少有一个质数，但至今未能证明，在 n 很大时，$\pi(n)$ 大致等于 $\frac{x}{\log x}$，这就是质数定理.

练 习 1.4

1. 容易验证 $90, 91, 92, 93, 94, 95, 96$ 是 7 个相邻的合数. 试写出 9 个相邻的合数.

2. 检验 539 是否为质数?

3. 证明: 在 $n > 2$ 时，n 与 $n!$ 之间一定有一个质数.

4. 下列命题是否正确: "若 p 和 q 整除 n，且均大于 $n^{\frac{1}{4}}$，则 $\frac{n}{pq}$ 是质数?"

5. 证明: 小于 n^2 的所有奇质数恰好是不包含在下列这些算术级数中的所有奇数:
$$r^2, \ r^2+2r, \ r^2+4r, \ \cdots, \ (\text{直到 } n^2),$$
这里 $r = 3, 5, 7, \cdots, (\text{直到 } n-1)$.

6. 设 $P_n = p_1 p_2 \cdots p_n$，且 $a_k = 1+kp_n$，$k = 0, 1, \cdots, n-1$，其中 $p_1, p_2, \cdots, p_n$ 是由小到大排列起来的前 n 个质数，即 $2, 3, 5, 7, \cdots$. 证明: 当 $i \neq j$ 时，$(a_i, a_j) = 1$.

第 2 章　同　　余

同余的概念与记号都是伟大的数学家高斯(Gauss,1777—1855)引进的.

本章中所有字母均表示整数,除非特别声明.

设 $m > 0$,如果 a,b 的差 $a-b$ 被 m 整除,即有 q 使得 $a-b=qm$,我们就称 a,b 关于模 m 同余,简称同余,记为

$$a \equiv b \pmod{m}.$$

例如

$$62 \equiv 48 \pmod 7.$$

§2.1　基 本 性 质

2.1.1　同余的基本性质

同余(式)有许多与等式类似的性质.

性质 2.1　(1) 反身性　$a \equiv a \pmod m$.

(2) 对称性　若 $a \equiv b \pmod m$,则 $b \equiv a \pmod m$.

(3) 传递性　若 $a \equiv b \pmod m$,$b \equiv c \pmod m$,则 $a \equiv c \pmod m$.

(4) 若 $a \equiv b \pmod m$,$c \equiv d \pmod m$,则

$$a \pm c \equiv b \pm d \pmod m.$$

(5) 若 $a \equiv b \pmod m$,$c \equiv d \pmod m$,则

$$ac \equiv bd \pmod m.$$

(6) 若 $a \equiv b \pmod m$,且 $n \in \mathbf{N}$,则

$$a^n \equiv b^n \pmod m.$$

性质(1)～(6)的证明都简单.

以性质(5)为例:由于 $a \equiv b \pmod{m}$,所以 $a = b + qm.$
同理 $c = d + q'm.$ 于是

$$ac = (b + qm)(d + q'm) = bd + lm,$$

即

$$ac \equiv bd \pmod{m}.$$

由性质(5)可知,若 $a \equiv b \pmod{m}$,则 $ac \equiv bc \pmod{m}.$ 反之不成立. 例如

$$6 \times 7 \equiv 6 \times 2 \pmod{10},$$

但 $7 \equiv 2 \pmod{10}$ 不成立.

我们有如下结论:

(7) 若 $ac \equiv bc \pmod{m}$,且 $c \neq 0$,则

$$a \equiv b \pmod{\frac{m}{(c, m)}}.$$

即只有在 c 与 m 互质(即 $(c, m) = 1$)时,才能在同余式两边同时约去 $c.$ 而在一般情况下,约去 c 后模 m 应改为 $\frac{m}{(c, m)}$.

(8) 若 $a \equiv b \pmod{m}$,$m = qn$,则

$$a \equiv b \pmod{n}.$$

(9) 若 $a \equiv b \pmod{m_i}$,$i = 1, 2, \cdots, n$,则

$$a \equiv b \pmod{[m_1, m_2, \cdots, m_n]}.$$

2.1.2　完全剩余系

性质 2.1(1),(2),(3) 表明同余是一种等价关系,因此可将整数集 **Z** 分类: 如果 a, b 关于模 m 同余,那么 a 与 b 属同一类;否则不属于同一类. 这样就得 m 个类,即

$$M_i = \{i + km \mid k \in \mathbf{Z}\}, i = 0, 1, 2, \cdots, m - 1 \qquad (2.1.1)$$

它们称为模 m 的剩余类.

例如,$m = 2$ 时,**Z** 可以分为 2 类:一类是奇数,一类是偶数.

在 $m=3$ 时,$\mathbf{Z}$ 可以分为三类,这三类中数的形式分别是 $3k-1,3k,3k+1$.

在 $m=4$ 时,$\mathbf{Z}$ 可以分为四类,即形如 $4k,4k+1,4k+2,4k+3$ 的 4 类数,等等.

从每个剩余类中各取一个数作为代表,这样得到的 m 个数称为(模 m 的)一个完全剩余系,简称完系.例如,

$$\{1,2,3,\cdots,m\} \tag{2.1.2}$$

是一个完系.

当 m 为奇数时,

$$\left\{0,\pm 1,\pm 2,\cdots,\pm\frac{m-1}{2}\right\} \tag{2.1.3}$$

是一个完系;

当 m 为偶数时,

$$\left\{0,\pm 1,\pm 2,\cdots,\pm\frac{m}{2}\right\} \tag{2.1.4}$$

也是一个完系.

一般地,如果 m 个数 $a_1,a_2,\cdots,a_m$ 中每两个数关于模 m 互不同余,那么它们必定分属模 m 的 m 个剩余类,从而这 m 个数组成一个(模 m 的)完系.

如果 $(n,m)=1$,那么在 $a_1,a_2,\cdots,a_m$ 是模 m 的完系时,

$$na_1+k,na_2+k,\cdots,na_m+k \tag{2.1.5}$$

模 m 互不同余(若 $na_i+k\equiv na_j+k \pmod{m}$,则由性质 2.1(4),(7) 知 $a_i\equiv a_j \pmod{m}$),因此,(2.1.5) 也是 $\bmod m$ 的完系.特别地,

$$a_1+k,a_2+k,\cdots,a_m+k$$

是模 m 的完系.

当我们在考虑有关(除以 m 所得的)余数的问题时,可以用完系来代替整数集或自然数集,从而把一个与无限集有关的问题变为关于有限集(完系)的问题,处理起来就简便多了.

例 1 设 $m>0$,证明:必有一个自然数 a 是 m 的倍数,并且它的十进制表示中,数字均为 0 或 1.

证明 取数

$$1,11,111,1111,\cdots \qquad (2.1.6)$$

把这无穷多个数按摸 m 分类.因为模 m 的剩余类个数是有限的(至多 m 个),所以(2.1.6)中必有两个数同属于一个剩余类,从而它们的差(设为 a)被 m 整除.显然 a 是由数字 0 与 1 组成的数.

说明 例 1 的证明中,采用剩余类作为"抽屉".运用抽屉原理得出结论.这是同余的重要应用.

例 2 证明:从任意的 m 个整数 $a_1,a_2,\cdots,a_m$ 中必可选出若干个数,它们的和(包括只有一个数的情况)被 m 整除.

证明 仿照例 1,取 m 个数

$$a_1,a_1+a_2,a_1+a_2+a_3,\cdots,a_1+a_2+\cdots+a_m, \qquad (2.1.7)$$

如果其中有一个数属于(2.1.1)中的 M_0,即它是 m 的倍数,那么结论已经成立.

否则,由抽屉原理,(2.1.7)中的 m 个数里必有两个数属于同一个剩余类 $M_i(1\leqslant i\leqslant m-1)$.这两个数的差被 m 整除,并且这个差具有 $a_k+a_{k+1}+\cdots+a_n$ 的形式.

练 习 2.1

1. 证明:若 $a\equiv b \pmod m$,$b\equiv c \pmod m$,则 $a\equiv c \pmod m$.

2. 若 $a\equiv b \pmod m$,且 $n\in\mathbf{N}$,则

$$a^n\equiv b^n \pmod m.$$

3. 证明:性质 2.1(7).

4. 证明:性质 2.1(8).

5. 证明:性质 2.1(9).

6. 证明:若 $a_1,a_2,\cdots,a_m$ 是模 m 的完全剩余系,则 $na_1+k,na_2+k,\cdots,na_m+k$ 也是模 m 的完全剩余系,k 是整数,$(n,m)=1$.

§2.2 同余的应用

对于模 2,下列基本同余式成立:

$$-a \equiv a \quad (\mathrm{mod}\ 2),$$

$$|a| \equiv a \quad (\mathrm{mod}\ 2).$$

选择适当的模,利用同余,可以解决许多问题.

例1 把 $1,2,3,\cdots,64$ 这 64 个数任意排列为

$$a_1,a_2,\cdots,a_{64}, \hspace{4cm} ①$$

算出

$$|a_1-a_2|,\ |a_3-a_4|,\cdots,\ |a_{63}-a_{64}|;$$

再将这 32 个数任意排列为

$$b_1,b_2,\cdots,b_{32}, \hspace{4cm} ②$$

算出

$$|b_1-b_2|,\ |b_3-b_4|,\cdots,\ |b_{31}-b_{32}|.$$

如此继续下去,最后得到一个数 x,问 x 是奇数还是偶数?

解 由于

$$b_1+b_2+\cdots+b_{32}$$

$$=|a_1-a_2|+|a_3-a_4|+\cdots+|a_{63}-a_{64}|,$$

而

$$|a_1-a_2|+|a_3-a_4|+\cdots+|a_{63}-a_{64}|$$

$$\equiv a_1-a_2+a_3-a_4+\cdots+a_{63}-a_{64} \quad (\mathrm{mod}\ 2)$$

$$\equiv a_1+a_2+a_3+a_4+\cdots+a_{63}+a_{64} \quad (\mathrm{mod}\ 2).$$

所以经过一次"运算",虽然 ① 变为 ②,但和的奇偶性并不改变(即 $\mathrm{mod}\ 2$ 的余数相同).同理,经过多次"运算"依然如此.所以

$$x \equiv a_1+a_2+\cdots+a_{64} \quad (\mathrm{mod}\ 2),$$

即

$$x \equiv 1+2+3+\cdots+64 \quad (\mathrm{mod}\ 2)$$

$$\equiv 0 \quad (\mathrm{mod}\ 2),$$

故 x 是偶数.

例2 给出一个数能否被 11 整除的判别方法.

解 因为

$$1 \equiv 1 \quad (\text{mod } 11),$$

$$10 \equiv -1 \quad (\text{mod } 11).$$

$$10^2 \equiv (-1)^2 = 1 \quad (\text{mod } 11),$$

$$10^3 \equiv (-1)^3 = -1 \quad (\text{mod } 11).$$

……

$$10^n \equiv (-1)^n \quad (\text{mod } 11),$$

于是对于数 $A = \overline{a_n a_{n-1} \cdots a_1 a_0}$ 有

$$A = a_0 + a_1 \times 10 + a_2 \times 10^2 + \cdots + a_n \times 10^n$$

$$\equiv a_0 - a_1 + a_2 - \cdots + (-1^n) a_n \quad (\text{mod } 11)$$

$$\equiv (a_0 + a_2 + a_4 + \cdots) - (a_1 + a_3 + a_5 + \cdots) \quad (\text{mod } 11).$$

因此，数 A 能否被 11 整除，就取决于

$$(a_0 + a_2 + \cdots) - (a_1 + a_3 + \cdots)$$

能否被 11 整除，从而得到判别法：

将一个自然数 A 的奇数数位的数字和与偶数数位的数字和相减，当且仅当这个差被 11 整除时，A 被 11 整除.

说明 根据同样的道理，可以得到：

一个自然数被 4 整除，当且仅当它的末两位数字所成的数被 4 整除.

一个自然数被 8 整除，当且仅当它的末三位数字所成的数被 8 整除.

一个自然数被 3(或 9) 整除，当且仅当它的数字和能被 3(或 9) 整除.

一个自然数除以 3(或 9) 得到的余数等于它的数字和除以 3(或 9) 的余数.

例 3 求 $47^{47^{\cdots^{47}}}$ 的个位数字，这里共有 $k(>1)$ 个 47.

解 因为 $47 \equiv 7 \quad (\text{mod } 10)$，

所以

$$47^2 \equiv 7^2 \equiv 49 \equiv -1 \quad (\text{mod } 10),$$

$$47^4 \equiv (-1)^2 \equiv 1 \quad (\text{mod } 10). \qquad ③$$

现在考虑 $47^{47^{\cdots^{47}}}$ (k 个 47) 的指数 $47^{\cdots^{47}}$ ($k-1$ 个 47) 除以 4 的余数. 由于

$$47 \equiv -1 \quad (\text{mod } 4),$$

所以

$$47^{47 \cdot \cdot^{47}} \text{ (}k-1\text{ 个 } 47) \equiv -1 \equiv 3 \quad (\bmod\ 4).$$

于是由 ③ 式得

$$47^{47 \cdot \cdot^{47}} \text{ (}k\text{ 个 } 47) \equiv 47^3 \equiv 7^3 \equiv -7 \equiv 3 \quad (\bmod\ 10),$$

即所求的个位数字是 3.

例 4 证明:数列

$$11,111,1111,\cdots$$

中无平方数.

解 偶数 $2n$ 的平方是 $4n^2$,奇数 $2n+1$ 的平方为

$$(2n+1)^2 = 4n^2 + 4n + 1.$$

所以

$$(2n)^2 \equiv 0 \quad (\bmod\ 4),$$

$$(2n+1)^2 \equiv 1 \quad (\bmod\ 4),$$

即平方数除以 4,余数为 0 或 1.

而

$$11 \equiv 111 \equiv 1111 \equiv \cdots = 3 \quad (\bmod\ 4),$$

所以,数列 $11,111,1111,\cdots$ 中无平方数.

说明 (1)同样可以证明

$$55,555,\cdots$$

$$66,666,\cdots$$

$$99,999,\cdots$$

中都没有平方数.

(2)进一步地可以证明:没有由相同数字组成的(两位以上的)平方数.

例 5 设 $m = d_0 + d_1 \cdot 3 + d_2 \cdot 3^2 + \cdots + d_n \cdot 3^n$ 为一个正整数的平方,并且 $d_i \in \{0,1,2\}, i = 0,1,\cdots,n$.证明至少有一个 $d_i = 1$.

证明 因为 $d_0 + d_1 \cdot 3 + d_2 \cdot 3^2 + \cdots + d_n \cdot 3^n$ 是一个正整数的平方,所以,$d_0, d_1, d_2, \cdots, d_n$ 不全为 0.

对于任意的 x,$x \equiv 0,1,-1 \quad (\bmod\ 3)$,所以 $x^2 \equiv 0,1 \quad (\bmod\ 3)$.于是

$$d_0 + d_1 \cdot 3 + d_2 \cdot 3^2 + \cdots + d_n \cdot 3^n \equiv 0,1 \quad (\bmod\ 3),$$

由此推知 $d_0 \equiv 0,1 \quad (\bmod\ 3)$.从而 $d_0 = 0$ 或 1.

若 $d_0 = 1$,则结论成立.

若 $d_0 = 0$,则 $3 \mid m$.由于 m 是平方数,所以 $9 \mid m$.从而 $d_1 = 0$,并且

$$d_2 \cdot 3^2 + \cdots + d_n \cdot 3^n$$

是平方数.故 $d_2 + d_3 \cdot 3 + \cdots + d_n \cdot 3^{n-2}$ 是平方数.

如此下去,由于 $d_i, i = 1, 2, \cdots, n$ 不全为 0,所以至少有一个 $d_i = 1$.

例 6 已知 $ab \equiv -1 \pmod{24}$,证明:$24 \mid (a+b)$.

解 由 $ab \equiv -1 \pmod{24}$ 得 $ab \equiv -1 \pmod 3$.

所以 $\qquad\qquad\qquad a \not\equiv 0 \pmod 3$.

若 $a \equiv 1 \pmod 3$,则 $b \equiv -1 \pmod 3$;

若 $a \equiv -1 \pmod 3$,则 $b \equiv 1 \pmod 3$.

所以 $\qquad\qquad\qquad a + b \equiv 0 \pmod 3$.

同样有 $ab \equiv -1 \pmod 8$.

若 $a \equiv \pm 1 \pmod 8$,则 $b \equiv \mp 1 \pmod 8$;

若 $a \equiv \pm 3 \pmod 8$,则 $3ab \equiv -3 \pmod 8$,即

$$\pm b \equiv -3 \pmod 8, b \equiv \mp 3 \pmod 8.$$

所以 $\qquad\qquad\qquad a + b \equiv 0 \pmod 8$.

于是 $\quad a + b \equiv 0 \pmod{24}$,即

$$24 \mid (a + b).$$

练 习 2.2

1. 若 $k \equiv 1 \pmod 4$,问 $6k + 5$ 与 $0, 1, 2, 3$ 中哪一个 mod 4 同余?

2. 在 $3145 \times 92653 = 291\ \boxed{}\ 93685$ 中,积有一位数字遗漏,而其他数字是正确的,遗漏的数字是什么?

3. 证明:任何平方数的末位数字不能是 $2, 3, 7$ 或 8.

4. 证明:任何三角形数的末位数字不能是 $2, 4, 7$ 或 9(形如 $\dfrac{n(n+1)}{2}$ 的数称为三角形数).

5. 已知 $99 \mid \overline{141x28y3}$,求 x, y.

6. 求 $10^{10} + 10^{100} + \cdots + 10^{\overset{10个0}{10\cdots0}}$ 被 7 除的余数.

7. 求 $1 \times 3 \times 5 \times \cdots \times 1989$ 的末三位数字.

8. 证明:$15 \nmid n^2 + n + 2$.

9. 证明:当 n 为奇数时,$1947 \mid 46^n + 296 \times 13^n$.

10. 什么样的自然数 n,能使 $5 \mid 1^n + 2^n + 3^n + 4^n$?

11. 存在末 4 位为 4444 的平方数吗? 存在末三位为 444 的平方数吗?

12. 已知数列 $\{x_n\}$:$x_1 = 1, x_2 = 1, x_n + 2x_{n-1} = x_{n+1}$,数列 $\{y_n\}$:$y_1 = 7$, $y_2 = 17, 2y_n + 3y_{n-1} = y_{n+1}$.证明:这两个数列没有相同的项.

13. 证明:对于所有 a,$a^5 \equiv a \pmod{10}$.

14. 求一个整数 n,使 $n \equiv 1 \pmod 2, n \equiv 0 \pmod 3, n \equiv 0 \pmod 5$ 同时成立.你能找到无限多个这样的数吗?

15. 证明:若 $n \equiv 4 \pmod 9$,则 n 不能写为三个数的立方和.

§2.3　费马小定理

2.3.1　费马小定理

我们知道,
$$(x + y)^p = x^p + C_p^1 x^{p-1} y + C_p^2 x^{p-2} y^2 + \cdots + y^p,$$
其中 $C_p^k = \dfrac{p!}{k!\,(p-k)!}$ 是整数.在 p 为质数时,对于满足 $1 \leqslant k \leqslant p-1$ 的 k,$p \nmid k!\,(p-k)!$,而
$$p \mid k!\,(p-k)! \cdot \dfrac{p!}{k!\,(p-k)!},$$
所以,
$$p \mid C_p^k, k = 1, 2, \cdots, p-1.$$
从而有
$$(x + y)^p \equiv x^p + y^p \pmod{p}. \tag{2.3.1}$$

在(2.3.1)式中令 $x = y = 1$,得
$$2^p \equiv 2 \pmod{p};$$

再在(2.3.1)式中令 $x=2, y=1$，得

$$3^p = (2+1)^p \equiv 2^p + 1^p \equiv 2+1 \equiv 3 \pmod{p},$$

即
$$3^p \equiv 3 \pmod{p}.$$

同样道理，在(2.3.1)中令 $x=3, y=1$ 得

$$4^p \equiv 4 \pmod{p}.$$

如此下去，我们就得到对于所有的值

$$a = 0, 1, \cdots, p-1$$

都有

$$a^p \equiv a \pmod{p} \tag{2.3.2}$$

成立.

由于任意整数 a，模 p 后同余于 $\{0, 1, 2, \cdots, p-1\}$ 中的一个数. 所以，我们得到了费马小定理.

费马小定理 对于任意的整数 a 和任意的质数 p，有

$$a^p \equiv a \pmod{p}. \tag{2.3.3}$$

利用本章 §2.1 中的性质 2.1(7)，费马小定理又可以叙述为：

若 $(a, p) = 1$，则

$$a^{p-1} \equiv 1 \pmod{p}. \tag{2.3.4}$$

在公元前 50 年左右，也就是孔子的时代，我国已经知道质数 $p \mid 2^p - 2$，即

$$2^p \equiv 2 \pmod{p}.$$

这正是费马小定理的特殊情形.

费马小定理的逆命题不成立，即使得

$$2^n \equiv 2 \pmod{n} \tag{2.3.5}$$

成立的 n 并不一定是质数. 能使(2.3.5)式成立的合数 n 称为伪质数.

例 1 证明 341 是伪质数.

证明：$341 = 11 \times 31$ 是合数. 由费马小定理得

$$2^{11} \equiv 2 \pmod{11},$$

$$2^{31} \equiv 2 \pmod{31},$$

所以有

$$2^{341} = (2^{11})^{31} \equiv 2^{31} = 2^9 \times (2^{11})^2$$
$$\equiv 2^9 \times 2^2 = 2^{11} \equiv 2 \pmod{11},$$

及

$$2^{341} = (2^{31})^{11} \equiv 2^{11} = 2 \times 1024$$
$$\equiv 2 \times 1 \equiv 2 \pmod{31}.$$

由以上二式即得

$$2^{341} \equiv 2 \pmod{341},$$

即 341 是伪质数.

说明 (1) 容易知道 341 是最小的伪质数,在 1000 以下还有另外两个伪质数,即

$$561 = 3 \times 11 \times 17,$$
$$645 = 3 \times 5 \times 43.$$

特别地,$n = 561$ 时,(2.3.4) 对每一个与 561 互质的整数 a 都成立.

(2) 关于伪质数的个数我们有下面的结论.

例 2 证明有无穷多个伪质数.

证明 若 a_n 是一个伪质数,令

$$a_{n+1} = 2^{a_n} - 1, \qquad \qquad ④$$

则由第 1 章 §1.3 例 11 知 a_{n+1} 是合数.

又因为 $a_n \mid 2^{a_n} - 2$,所以

$$a_{n+1} - 1 = k a_n, k \in \mathbf{N}.$$

从而

$$2^{a_{n+1}-1} - 1 = 2^{k a_n} - 1 = (2^{a_n})^k - 1$$

被 $2^{a_n} - 1$ 整除,即

$$2^{a_{n+1}} - 1 \equiv 0 \pmod{a_{n+1}},$$

于是 a_{n+1} 也是伪质数.

由于 341 是伪质数,所以由 ④ 式可以得到无穷多个伪质数.

说明 由 ④ 式导出的伪质数均为奇数.偶数的伪质数也有无穷多个,其中最小的一个是

$$161038 = 2 \times 73 \times 1103.$$

但伪质数是否一定不含平方因子(即它的分解式中,每一个质因数的指数都是 1)? 这是一个待解决的问题.

2.3.2 $ax \equiv b \pmod{p}$ 与 Z_p

前面已经知道:设 p 为质数,则集合

$$Z_p = \{0, 1, 2, \cdots, p-1\},$$

是模 p(即 mod p)的一个完系.

在 Z_p 中显然可以进行加法、减法、乘法,即对于 $a, b \in Z_p$, $a \pm b$, ab 都仍在 Z_p 中.例如 $p=7, a=2, b=6$,则

$$ab \equiv 12 \equiv 5 \pmod{7}.$$

在 Z_p 中也能进行除法(当然除数不为0),即对于 $a, b \in Z_p$,并且 $a \neq 0$,一定有一个唯一的 $x \in Z_p$,满足

$$ax \equiv b \pmod{p}. \tag{2.3.6}$$

这是因为,由 $a \in Z_p$ 且 $a \neq 0$ 得 $(a, p) = 1$.利用裴蜀恒等式一定有 $u, v \in$ **Z**,满足

$$au + pv = 1,$$

从而

$$aub + pvb = b, \tag{2.3.7}$$

于是有

$$aub \equiv b \pmod{p}. \tag{2.3.8}$$

在完系 Z_p 中,有 x 满足

$$x \equiv ub \pmod{p}. \tag{2.3.9}$$

x 当然使(2.3.6)式成立.

另一方面,若有 $x' \in Z_p$,满足

$$ax' \equiv b \pmod{p},$$

将上式与(2.3.6)式相减得

$$a(x - x') \equiv 0 \pmod{p}.$$

而 $(a, p) = 1$,于是 $x - x' \equiv 0 \pmod{p}$,从而 $x = x'$,即满足(2.3.9)式的 x 是

唯一的.

综合上述讨论,Z_p 是一个域,即 Z_p 是可以进行加法、乘法两种运算及它们的逆运算减法、除法(除数不为 0)的集合.有理数集 $\mathbf{Q}$,实数集 $\mathbf{R}$,复数集 $\mathbf{C}$ 也都是域,但 Z_p 是一个有限域,即元素个数为有限的域.

例 3 证明:若 p 为质数,则

$$(p-1)! \equiv -1 \pmod{p} \tag{2.3.10}$$

这称为威尔逊(Wilson)定理.

证明 $p=2$ 时结论显然成立.

设 $p \geqslant 3$,由 (2.3.9) 式知,对于 $a=1,2,\cdots,p-1$ 总有一个唯一的 $a' \in Z_p$,使得

$$aa' \equiv 1 \pmod{p}.$$

a' 称为 a 的逆元.显然 $a' \neq 0$(否则 $aa' \equiv 0 \pmod{p}$),因而也是 $1,2,\cdots,p-1$ 中的一个,并且 a 不同时,a' 也不相同.又由

$$a^2 \equiv 1 \pmod{p},$$

得

$$(a-1)(a+1) \equiv 0 \pmod{p},$$

于是,只有 a 为 1 和 $p-1$ 时,$a'=a$.

因此,$2,3,\cdots,p-2$ 中每两个互逆的元配对,积 $\equiv 1 \pmod{p}$,从而

$$(p-1)! \equiv 1 \times 1^{\frac{p-3}{2}} \times (p-1)$$
$$\equiv 1 \times (-1) \equiv -1 \pmod{p},$$

即

$$(p-1)! \equiv -1 \pmod{p}.$$

思考 (1) 利用例 3 的思路,证明费马小定理.

(2) 例 3 的逆命题成立吗?

例 4 设质数 $p > 3$,证明:和

$$\frac{1}{1^2} + \frac{1}{2^2} + \frac{1}{3^2} + \cdots + \frac{1}{(p-1)^2} = \frac{a}{b} \qquad \text{⑤}$$

的分子 a 被 p 整除.

证明 在 ⑤ 式两边同乘以 $((p-1)!)^2$,得

$$((p-1)!)^2 \frac{a}{b} = \sum_{k=1}^{p-1} \left(\frac{(p-1)!}{k} \right)^2,$$

右边每一项都是整数,所以右边与左边都是整数.

对于每个 $k \in \{1, 2, \cdots, p-1\}$,存在 $h \in Z_p$,使得

$$kh \equiv 1 \pmod{p},$$

因此,

$$\frac{(p-1)!}{k} \equiv \frac{(p-1)!}{k} \cdot kh \equiv (p-1)! \, h \pmod{p},$$

而不同的 k 有不同的 h,于是

$$((p-1)!)^2 \frac{a}{b} \equiv \sum_{h=1}^{p-1} ((p-1)! \, h)^2 \equiv ((p-1)!)^2 \sum_{h=1}^{p-1} h^2$$

$$\equiv ((p-1)!)^2 \frac{1}{6} p(p-1)(2p-1)$$

$$\equiv 0 \pmod{p},$$

即

$$p \mid ((p-1)!)^2 \cdot a.$$

因为

$$p \nmid ((p-1)!)^2,$$

所以 $p \mid a$.

说明　解法的基本思路就是将 $\frac{1}{k}$ 作为 k 在 Z_p 中的逆元 h,并且把它换成 Z_p 中的"整数"h 来计算.

例 5　设 $\{a_1, a_2, \cdots, a_p\}$ 及 $\{b_1, b_2, \cdots, b_p\}$ 都是模 p $\pmod{p}$ 的完系,证明 $\{a_1 b_1, a_2 b_2, \cdots, a_p b_p\}$ 一定不是完系.

证明　不妨设 $a_1 \equiv 0 \pmod{p}, b_i \equiv 0 \pmod{p}$.

若 $i \neq 1$,则 $a_1 b_1 \equiv a_i b_i \equiv 0 \pmod{p}$,于是 $\{a_1 b_1, a_2 b_2, \cdots, a_p b_p\}$ 有两个零类,当然不是完系.因此必有 $i = 1$,即 $b_1 \equiv 0 \pmod{p}$.

由威尔逊定理得

$$a_2 a_3 \cdots a_p \equiv -1 \pmod{p},$$

$$b_2 b_3 \cdots b_p \equiv -1 \pmod{p},$$

两式相乘得

$$(a_2b_2)(a_3b_3)\cdots(a_pb_p)\equiv1\pmod{p}.$$

这表明$\{a_1b_1,\cdots,a_pb_p\}$不是完系.

练　习　2.3

1. 314^{162} 除以 163,余数是多少?

2. 314^{159} 除以 7,余数是多少?

3. 证明:若$(n-1)!\equiv-1\pmod{n}$,则 n 是质数.

4. (1) 注意到:$6!\equiv-1\pmod7$,$5!\ 1!\equiv1\pmod7$,$4!\ 2!\equiv-1\pmod7$,$3!\ 3!\equiv1\pmod7$.对模 11,试做同样的计算.

(2) 根据(1),提出一个猜想,并加以证明.

5. (1) 对 $n=4,6,8,9,10$,计算$(n-1)!\pmod{n}$.

(2) 提出一个猜想并加以证明.

6. 证明:若 a 和 b 均不被质数 $n+1$ 整除,则 a^n-b^n 被 $n+1$ 整除.

7. 设 p 是一个奇质数.

(1) 证明:$1^{p-1}+2^{p-1}+\cdots+(p-1)^{p-1}\equiv-1\pmod{p}$;

(2) 证明:$1^p+2^p+\cdots+(p-1)^p\equiv0\pmod{p}$;

(3) 证明:若$2^m\not\equiv1\pmod{p}$,则

$$1^m+2^m+\cdots+(p-1)^m\equiv0\pmod{p}.$$

8. 对于一切 a 满足$n\mid(a^n-a)$的合数 n,称为绝对伪质数.最小的绝对伪质数为561.验证 $341\nmid(11^{341}-11)$,从而 341 不是一个绝对伪质数.

9. 若 p 是一个奇质数,$(a,p)=1$,问对模 p,$a^{\frac{(p-1)}{2}}$ 可取哪些值?

10. n 是什么数时,有 $p\mid(1+n+n^2+\cdots+n^{p-2})$?

§2.4　中国剩余定理

例1　求一个自然数,它是 3 与 5 的倍数,并且除以 7 余 1.

解　这个自然数是 3 和 5 的最小公倍数 15 的倍数,则容易看出 15 就是满足要求的数.

例 2 求一个自然数,它是 5,7 的倍数,并且除以 3 余 1.

解 所求的数是 35 的倍数.35 除以 3 余 2,70 除以 3 余 1.70 就是满足要求的数.

在我国古代的算书《孙子算经》中有这样的问题(卷下第 26 题):

今有物,不知其数,三、三数之,剩二;五、五数之,剩三;七、七数之,剩二.问物几何?

如果设所求的数为 x,那么根据题意得出同余方程组

$$\begin{cases} x \equiv 2 \pmod 3, \\ x \equiv 3 \pmod 5, \\ x \equiv 2 \pmod 7. \end{cases}$$ ⑥

这个方程组,直接解也并不困难:

注意 $x-2$ 被 3,7 整除,所以 $x-2$ 是 $21(=3\times 7)$ 的倍数.又 $x-2$ 除以 5 余 $1(=3-2)$,所以 $x-2=21$,从而 $x=23$.

我国古代的数学家对这种同余方程组进行了深入的研究,考虑了一般的解法,并将解法编成一首歌诀:

三人同行七十稀,五树梅花廿一枝,

七子团圆正月半,除百零五便得知.

也就是将被 3 除所得的余数乘以 70,被 5 除的余数乘以 21,被 7 除的余数乘以 15(正月半),然后将所得的 3 个乘积相加.如果和大于 105,便减去(除去)105,直至所得结果不大于 105,它就是问题的最小的正整数解.

例如方程组 ⑥ 的最小正整数解为

$$2\times 70 + 3\times 21 + 2\times 15 - 105 - 105 = 23,$$

这里 105 就是 3,5,7 的最小公倍数,70,15 分别为例 2、例 1 的解.同样地,21 是 3,7 的倍数,并且除以 5 余 1.

当然 23 并不是唯一的解.$23+105k(k\in \mathbf{Z})$ 也是 ⑥ 的解.下面将要说明 $23+105k(k\in \mathbf{Z})$ 是 ⑥ 的全部解.

上面的歌诀给出了解同余方程组

$$\begin{cases} x \equiv a_1 \pmod{3}, \\ x \equiv a_2 \pmod{5}, \\ x \equiv a_3 \pmod{7} \end{cases}$$

的一般方法及结果 $(70a_1 + 21a_2 + 15a_3 - 105k)$.

更一般地,有著名的中国剩余定理(也称孙子定理).

中国剩余定理 设正整数 $m_1, m_2, \cdots, m_k$ 两两互质,则对于任意给定的整数 $a_1, a_2, \cdots, a_k$,同余方程组

$$\begin{cases} x \equiv a_1 \pmod{m_1}, \\ x \equiv a_2 \pmod{m_2}, \\ \cdots \\ x \equiv a_k \pmod{m_k} \end{cases} \qquad (2.4.1)$$

一定有解,并且它的解为

$$\begin{aligned} x = {} & a_1 b_1 m_2 m_3 \cdots m_k + a_2 b_2 m_1 m_3 \cdots m_k + \cdots \\ & + a_k b_k m_1 m_2 \cdots m_{k-1} + l m_1 m_2 \cdots m_k, \end{aligned} \qquad (2.4.2)$$

其中 b_i 满足

$$\frac{m_1 m_2 \cdots m_k}{m_i} \cdot b_i \equiv 1 \pmod{m_i}, \qquad (2.4.3)$$

$i = 1, 2, \cdots, k, l \in \mathbf{Z}$.

证明 因为 $\left(\dfrac{m_1 m_2 \cdots m_k}{m_i}, m_i \right) = 1$,所以由裴蜀恒等式知(2.4.3)式有解 $b_i, i = 1, 2, \cdots, k$.

容易验证(2.4.2)式给出的 x 确实满足(2.4.1)式.

反之,设 x 是(2.4.1)式的任一个解,令

$$\begin{aligned} y = {} & x - a_1 b_1 m_2 m_3 \cdots m_k - a_2 b_2 m_1 m_3 \cdots m_k \\ & - \cdots - a_k b_k m_1 m_2 \cdots m_{k-1}, \end{aligned}$$

则有

$$y \equiv 0 \pmod{m_i}, \; i = 1, 2, \cdots, k,$$

所以,y 是 m_1,m_2,$\cdots$,m_k 的公倍数,即
$$y = l m_1 m_2 \cdots m_k,$$
从而 x 由(2.4.2)式给出.

于是,(2.4.1)式有解,且(2.4.2)式给出所有的解.

这样,(2.4.1)式的求解就归结为(2.4.3)式的求解.

例 3 七数剩一,八数剩二,九数剩四,问本数(杨辉《续古摘奇算法》(1275)).

解 设所求数为 x,则有
$$\begin{cases} x \equiv 1 \quad (\bmod\ 7), \\ x \equiv 2 \quad (\bmod\ 8), \\ x \equiv 4 \quad (\bmod\ 9). \end{cases}$$

先解同余方程
$$8 \times 9 \times b_1 \equiv 1 \quad (\bmod\ 7) \qquad\qquad ⑦$$

即
$$2 b_1 \equiv 1 \quad (\bmod\ 7). \qquad\qquad ⑧$$

用 $b_1 = 1$,2,3,$\cdots$,逐一代入方程 ⑧ 检验,得出 $b_1 = 4$ 是方程 ⑦ 的解.

类似地,由
$$7 \times 9 b_2 \equiv 1 \quad (\bmod\ 8),$$
$$7 \times 8 b_3 \equiv 1 \quad (\bmod\ 9),$$

分别得到 $b_2 = 7$,$b_3 = 5$.

于是,由中国剩余定理得
$$x = 1 \times 4 \times 72 + 2 \times 7 \times 63 + 4 \times 5 \times 56 + 7 \times 8 \times 9 l$$
$$= 274 + 504 l,$$

最小的正整数解为 274.

中国剩余定理不仅提供了解同余方程组的方法,而且有重大的理论价值.在解题时(尤其是关于连续自然数的问题),也常常利用中国剩余定理.

例 4 设 m_1,m_2,$\cdots$,m_r 为两两互质的正整数,证明:存在 r 个连续的自然数,使得 m_i 整除第 i 个自然数($i = 1$,2,$\cdots$,r).

证明 设这 r 个自然数为

$$s+1, s+2, \cdots, s+r,$$

则问题化为求 s，使得

$$s \equiv -i \pmod{m_i}, i=1, 2, \cdots, r.$$

因为 $m_1, m_2, \cdots, m_r$ 两两互质，于是由中国剩余定理立即得知上述方程组有解，而且有正整数解（在(2.4.2)式中取 l 足够大，则 x 为正整数）.

故结论成立.

例 5 求证：对任何正整数 n，存在 n 个连续的正整数，它们都不是质数的整数幂.

证明 取 $2n$ 个不同的质数 $p_1, p_2, \cdots, p_n, q_1, q_2, \cdots, q_n$. 由中国剩余定理，有正整数 x 满足

$$x \equiv -j \pmod{p_j q_j}, \quad j=1, 2, \cdots, n.$$

于是 n 个连续的正整数 $x+1, x+2, \cdots, x+n$ 中的每一个 $x+j$ 有两个不同的质因数 $p_j q_j$，所以不是质数的整数幂.

思考 也可以用 $((n+1)!\ )^2 + j, j=2, \cdots, n+1$ 来说明结论.

例 6 在直角坐标系中，如果一个整点 (a, b) 的坐标 a, b 互质，就称为（自原点）可见的.证明：可见点之间存在着任意大的正方形的"黑洞"，即对任一正整数 k，存在整点 (a, b)，使点

$$(a+r, b+s), 0 < r \leqslant k, 0 < s \leqslant k$$

中没有一个点是可见的.

证明 取 k^2 个不同质数排成一个 $k \times k$ 的方阵.

令 m_i 为第 i 行的 k 个质数之积，M_j 为第 j 列的 k 个质数之积，$i=1, 2, \cdots, k, j=1, 2, \cdots, k$，则 m_i 两两互质，M_j 也两两互质.

考虑同余方程组

$$\begin{cases} x \equiv -1 \pmod{m_1} \\ x \equiv -2 \pmod{m_2} \\ \cdots \\ x \equiv -k \pmod{m_k} \end{cases} \qquad ⑨$$

及

$$\begin{cases} y \equiv -1 \pmod{M_1} \\ y \equiv -2 \pmod{M_2} \\ \cdots \\ y \equiv -k \pmod{M_k} \end{cases} \qquad ⑩$$

则由中国剩余定理可知 ⑨ 有解 $x = a$,⑩ 有解 $y = b$.

由于 $a + r$ 与 $b + s$ 有公共的质因数 p_{rs}(方阵中第 r 行第 s 列的质数),所以点 $(a + r, b + s)$ 不可见,从而结论成立.

说明 可以证明一个整点为可见点的概率是 $\dfrac{6}{\pi^2}$.

例7 证明:对于任意正整数 n 与 k,存在 n 个连续的整数,每一个可被 k 个不同的质数整除,并且这些质数不整除其余的 $n - 1$ 个数中任何一个.

解 取 nk 个质数 p_{ij}, $i = 1, 2, \cdots, k$, $j = 1, 2, \cdots, n$,每一个 p_{ij} 都大于 n.

由中国剩余定理,同余方程组

$$x + j \equiv 0 \pmod{p_{ij}},$$
$$i = 1, 2, \cdots, k, \quad j = 1, 2, \cdots, n$$

有解,这时 $x + j$ 被 k 个不同质数 p_{1j}, p_{2j}, $\cdots$, p_{kj} 整除$(j = 1, 2, \cdots, n)$.

在 $t \neq j (1 \leqslant t, j \leqslant n)$ 时,

$$0 < |(x + j) - (x + t)| = |j - t| < n < p_{ij},$$

所以 $p_{ij} \nmid (x + t)$.

于是 $x + 1, x + 2, \cdots, x + n$ 就是合乎要求的 n 个连续整数.

练 习 2.4

1. 求一个自然数,它是 3,7 的倍数,除以 5 余 1.

2. 解同余方程组 $\begin{cases} x \equiv 2 \pmod{11}, \\ x \equiv 5 \pmod{7}, \\ x \equiv 4 \pmod{5}. \end{cases}$

3. 解同余方程组

$$\begin{cases} x \equiv 1 \quad (\bmod\ 7), \\ 3x \equiv 4 \quad (\bmod\ 5), \\ 8x \equiv 4 \quad (\bmod\ 9). \end{cases}$$

4. 试用同余方程的解法求解不定方程

$$37x + 49y = 1.$$

5. 设 $n > 2$,证明:$n-1$ 个连续整数

$$n! + 2,\ n! + 3,\ \cdots,\ n! + n$$

中,每一个都有一个质因数,这质因数不整除其他 $n-2$ 个数中的任何一个.

第3章 数 论 函 数

本章讨论数论中常常出现的一些函数,如$[x]$, $\tau(n)$, $\sigma(n)$, $\varphi(n)$, $\mu(n)$等,它们都有一个共同的特点,即函数值永远是整数.

$$\S\,3.1 \quad [x]$$

3.1.1 $[x]$及其性质

设x为实数,我们用$[x]$来表示不超过x的最大整数.通常称$[x]$为高斯函数或取整函数.例如,$[\pi]=3$, $[\sqrt{2}]=1$.

根据定义恒有

$$[x] \leqslant x < [x]+1, \tag{3.1.1}$$

其中等号当且仅当x为整数时成立.

注意 $[-1.2]=-2$,而不是-1.因此,通常所说"$[x]$为x的整数部分",在$x<0$时容易导致误解.

函数$y=[x]$的图像如图3.1.

其中每一段右端的点不包括在图像内,即在这些点函数有一个跳跃型的间断,跃度为1.

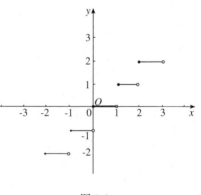

图3.1

从图像上可以看出,$[x]$具有性质3.1.

性质3.1 $[x]$是单调增加的.

$[x]$ 还具有以下性质.

性质 3.2 在 $m \in \mathbf{Z}$ 时,$[x+m]=m+[x]$(即整数可以从方括号里移出去).

证明 利用(3.1.1)式$[x] \leqslant x < [x]+1$,得
$$m+[x] \leqslant m+x < m+[x]+1,$$
所以
$$[m+x]=m+[x].$$

说明 与$[x]$有关的问题大多需要借助于(3.1.1)式来解决.

性质 3.3 对于所有实数 x,y,有
$$[x]+[y] \leqslant [x+y]. \tag{3.1.2}$$

证明 令$\{x\}=x-[x]$,则$\{x\} \geqslant 0$.同理$\{y\} \geqslant 0$.于是
$$\begin{aligned}
[x+y] &= [[x]+\{x\}+[y]+\{y\}] \\
&= [x]+[y]+[\{x\}+\{y\}] \\
&\geqslant [x]+[y].
\end{aligned}$$
故
$$[x]+[y] \leqslant [x+y].$$

性质 3.4
$$[-x]=\begin{cases} -[x]-1, & x \text{ 不为整数}; \\ -[x], & x \text{ 为整数}. \end{cases}$$

证明 在 x 不是整数时,$\{x\}=x-[x]>0$,所以
$$[-x]=[-[x]-\{x\}]=-[x]+[-\{x\}]=-[x]-1.$$
在 x 为整数,结论显然成立.

故性质 3.4 成立.

从上面的证明可以看出,在讨论与$[x]$有关的问题时,常常将 x 的"整数部分"从方程号中移出,然后集中讨论 x 的"小数部分"$\{x\}$.

例 1 证明:
$$[2x]+[2y] \geqslant [x]+[x+y]+[y]. \tag{①}$$

证明 将$[x]$,$[y]$移出后,①式等价于
$$[2\{x\}]+[2\{y\}] \geqslant [\{x\}+\{y\}]. \tag{②}$$
若②式右边为 0,①式显然成立;

若②式右边为1(不可能为2,因为$\{x\}<1$,$\{y\}<1$),则$\{x\}$,$\{y\}$中至少有一个$\geqslant\dfrac{1}{2}$,于是②式左边$\geqslant1=$右边,即①式成立.

例 2 证明:对于正整数n,有

$$[x]+\left[x+\frac{1}{n}\right]+\left[x+\frac{2}{n}\right]+\cdots+\left[x+\frac{n-1}{n}\right]=[nx].\quad(3.1.3)$$

证明 不妨设$0\leqslant x<1$(否则将两边的$[x]$移出抵消).

当$0\leqslant x<\dfrac{1}{n}$时,(3.1.3)式两边均为0,故等式成立.

在x增加$\dfrac{1}{n}$时,(3.1.3)式的左边变为$\left[x+\dfrac{1}{n}\right]+\left[x+\dfrac{2}{n}\right]+\cdots+([x]+$

1),即比原来增加1.这时(3.1.3)式的右边变为$\left[n\left(x+\dfrac{1}{n}\right)\right]=[nx]+1$,即也

比原来增加1.因此,如果原来(3.1.3)式成立,那么在x增加$\dfrac{1}{n}$后,它仍然成立.

这样,由(3.1.3)式在$0\leqslant x<\dfrac{1}{n}$时成立,便可逐步推出它在$\dfrac{1}{n}\leqslant x<\dfrac{2}{n}$,$\dfrac{2}{n}\leqslant$

$x<\dfrac{3}{n}$,$\cdots$,$\dfrac{n-1}{n}\leqslant x<1$时均成立.

所以,(3.1.3)式对一切x都成立.

说明 (1)实际上,上述证明过程中利用了递推式:

$$f\left(x+\frac{1}{n}\right)=f(x),$$

这里

$$f(x)=[nx]-[x]-\left[x+\frac{1}{n}\right]-\cdots-\left[x+\frac{n-1}{n}\right].$$

(2)(3.1.3)式通常又称为厄米特恒等式.

(3)在(3.1.3)式中令$n=2$得

$$[x]+\left[x+\frac{1}{2}\right]=[2x].\quad(3.1.4)$$

例 3 对于任意的正整数n,计算

$$\sum_{k=0}^{\infty}\left[\frac{n+2^k}{2^{k+1}}\right].$$

基本思路 利用(3.1.4)式将每一项拆为两项之差.

解 在(3.1.4)式中令 $x=\dfrac{n}{2^{k+1}}$ 得

$$\left[\frac{n+2^k}{2^{k+1}}\right]=\left[\frac{n}{2^k}\right]-\left[\frac{n}{2^{k+1}}\right],\ k=0,1,2,\cdots$$

将以上各项相加得

$$\sum_{k=0}^{\infty}\left[\frac{n+2^k}{2^{k+1}}\right]=[n]=n.$$

$\left(\text{当 } k \text{ 满足 } 2^k>n \text{ 时}, \left[\dfrac{n}{2^k}\right]=0\right)$

例 4 求出所有满足

$$[x]^2=x\cdot\{x\} \qquad\qquad\qquad ③$$

的实数 x.

解 因为 $x=[x]+\{x\}$,③ 式即

$$\{x\}^2+[x]\cdot\{x\}-[x]^2=0. \qquad\qquad\qquad ④$$

在 $[x]\geqslant 2$ 时,

$$\{x\}^2+[x]\cdot\{x\}<1+[x]<2[x]\leqslant[x]^2,$$

所以必有 $[x]=0$ 或 1.

在 $[x]=0$ 时,由 ④ 式得 $\{x\}=0$,从而 $x=0$.

在 $[x]=1$ 时,由 ④ 式得

$$\{x\}^2+\{x\}-1=0,$$

从而

$$\{x\}=\frac{\sqrt{5}-1}{2}\text{(不取负值)},$$

则

$$x=1+\frac{\sqrt{5}-1}{2}=\frac{1+\sqrt{5}}{2}.$$

故满足 ③ 式的实数 x 为 $0,\dfrac{\sqrt{5}+1}{2}$.

例 5 设 n 是正整数, x 为实数, 则

$$\left[\frac{[x]}{n}\right] = \left[\frac{x}{n}\right]. \tag{3.1.5}$$

证明 一方面 $[x] \leqslant x$, 所以 $\dfrac{[x]}{n} \leqslant \dfrac{x}{n}$,

$$\left[\frac{[x]}{n}\right] \leqslant \left[\frac{x}{n}\right]. \tag{⑤}$$

另一方面, $n \cdot \left[\dfrac{x}{n}\right] \leqslant n \cdot \dfrac{x}{n} = x$, 因此

$$n\left[\frac{x}{n}\right] \leqslant [x]. \tag{⑥}$$

两边同时除以 n 得

$$\left[\frac{x}{n}\right] \leqslant \frac{[x]}{n},$$

于是

$$\left[\frac{x}{n}\right] \leqslant \left[\frac{[x]}{n}\right]. \tag{⑦}$$

由 ⑤, ⑦ 两式得

$$\left[\frac{[x]}{n}\right] = \left[\frac{x}{n}\right].$$

说明 (1) 上述证明中, 从两个方面来考虑, 产生两个方向相反的不等式, 从而导致等式成立. 这是常用的基本方法.

(2) 本例中 ⑤, ⑦ 两式都是经过"取整"产生的, 这正是 $[x]$ 的特点.

(3) 当然, 本例还有其他解法. 如:

设 $m = \left[\dfrac{x}{n}\right]$, 则

$$m \leqslant \frac{x}{n} < m+1.$$

从而

$$mn \leqslant x < n(m+1).$$

由于 mn 是整数, 则

$$mn \leqslant [x] < n(m+1),$$

即

$$m \leqslant \frac{[x]}{n} < m+1.$$

因此,

$$\left[\frac{[x]}{n}\right] = m = \left[\frac{x}{n}\right].$$

(4) 在例 5 的证明中可以推得如下结论成立:

设 x 为正实数,n 为正整数,那么不大于 x 的正整数中,n 的倍数有 $\left[\frac{x}{n}\right]$ 个.

3.1.2 $n!$ 中质数 p 的次数

在 $6! = 2^4 \times 3^2 \times 5$ 中,质数 $2,3,5$ 出现的次数分别为 $4,2,1$.

一般地,记 $n!$ 中质数 p 出现的次数为 $v_p(n!)$.$[x]$ 的一个重要运用就是计算 $v_p(n!)$.我们有如下公式:

$$v_p(n!) = \left[\frac{n}{p}\right] + \left[\frac{n}{p^2}\right] + \left[\frac{n}{p^3}\right] + \cdots \qquad (3.1.6)$$

(3.1.6) 式的右边实际上只有有限多项,因为在 $p^k > n!$ 时,$\left[\frac{n}{p^k}\right] = 0$.

(3.1.6) 式的证明很简单:由例 5 的说明(4),在 $1,2,\cdots,n$ 中,p 的倍数有 $\left[\frac{n}{p}\right]$ 个,p^2 的倍数有 $\left[\frac{n}{p^2}\right]$ 个,p^3 的倍数有 $\left[\frac{n}{p^3}\right]$ 个,$\cdots$.p 在每个 p 的倍数中(至少)出现 1 次,在 p^2 的倍数中多出现 1 次,在 p^3 的倍数中又多出现 1 次,$\cdots$.因此 p 在 $n!$ 中,共出现

$$\left[\frac{n}{p}\right] + \left[\frac{n}{p^2}\right] + \left[\frac{n}{p^3}\right] + \cdots$$

次,即(3.1.6)式成立.

例 6 求 2 在 $100!$ 中出现的次数.

解 $v_2(100!) = \left[\frac{100}{2}\right] + \left[\frac{100}{2^2}\right] + \left[\frac{100}{2^3}\right] + \cdots + \left[\frac{100}{2^6}\right] = 50 + 25 + 12 +$

$6 + 3 + 1 = 97$,即 2 在 $100!$ 中出现的次数为 97.

例 7 求 1999! 的末尾有多少个连续的零.

解 由于 $10 = 2 \times 5$,而 1999! 中 5 的次数显然不大于 2 的次数,所以只要求出 $v_5(1999!\,)$.

利用(3.1.6)式及 $5^5 > 1999$ 得

$$v_5(1999!\,) = \left[\frac{1999}{5}\right] + \left[\frac{1999}{5^2}\right] + \left[\frac{1999}{5^3}\right] + \left[\frac{1999}{5^4}\right]$$
$$= 399 + 79 + 15 + 3$$
$$= 496.$$

所以 1999! 的末尾有 496 个零.

3.1.3 计算整点

函数 $[x]$ 在整点的计算中也极有用.

设 $y = f(x)$ 是增函数,$y = \varphi(x)$ 是它的反函数,$f(0) = 0$,$f(a) = b$,a,b 均为正数,由 $O(0,0)$,$A(a,0)$,$B(a,b)$,$C(0,b)$ 四点构成的矩形中(包括矩形的边界和内部),如图 3.2,$y = f(x)$ 上整点的个数记为 $L + 1$,则

$$\sum_{k=1}^{[a]} [f(k)] + \sum_{k=1}^{[b]} [\varphi(k)] - L = [a] \cdot [b] \tag{3.1.7}$$

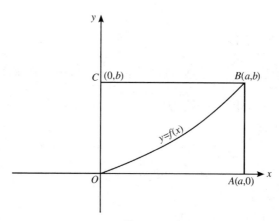

图 3.2

证明 在直线 $x = n\ (n \leqslant [a])$ 上,曲线 $y = f(x)$ 的下方,纵坐标大于 0 的整点有 $[f(n)]$ 个;在直线 $y = m\ (m \leqslant [b])$ 上,曲线 $y = f(x)$(即 $x = \varphi(y)$)

的左方,横坐标大于 0 的整点有 $[\varphi(m)]$ 个.于是在矩形 $OABC$ 中,除去 OA,OC 上的整点,共有

$$\sum_{k=1}^{[a]}[f(k)]+\sum_{k=1}^{[b]}[\varphi(k)]-L$$

个整点($y=f(x)$ 上的 L 个整点在前面的和中计算了两次,所以应减去 L).

另一方面,这些整点的个数为 $[a]\cdot[b]$.

所以(3.1.7)式成立.

例 8 设正整数 a,b 互质,证明:

$$\left[\frac{a}{b}\right]+\left[\frac{2a}{b}\right]+\cdots+\left[\frac{(b-1)a}{b}\right]=\frac{(a-1)(b-1)}{2} \tag{3.1.8}$$

解 考虑函数 $y=\dfrac{a}{b}x$ 及矩形 $OABC$,这里 A 为 $(b-1,0)$,B 在 $y=\dfrac{a}{b}x$

上,如图 3.3.因为 a,b 互质,在 $y=\dfrac{a}{b}x$ $(0<x<b)$ 上无整点.

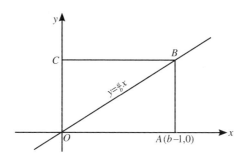

图 3.3

利用(3.1.7)式,这时 $L=0$.由于矩形是中心对称图形,

$$\sum_{k=1}^{b-1}[f(k)]=\sum_{k=1}^{a-1}[\varphi(k)]$$

均表示 $\triangle OAB$ 中坐标大于 0 的整点(也等于 $\triangle OAC$ 中坐标大于 0 的整点),所以

$$\sum_{k=1}^{b-1}\left[\frac{ka}{b}\right]=\frac{1}{2}(a-1)(b-1).$$

练　习　3.1

1. 证明:$[x] + \left[x + \dfrac{1}{2}\right] = [2x]$.

2. 设 n 是正整数,证明:

$$\left[\frac{n}{2}\right] \cdot \left[\frac{n+1}{2}\right] = \left[\frac{n^2}{4}\right].$$

3. 设 a,b 是任意实数,那么有

$$[a] - [b] = [a - b] \quad \text{或} \quad [a] - [b] = [a - b] + 1.$$

4. 试求在 $n!$ 中质数 3 共出现 7 次的自然数 n.

5. 设 $r = \dfrac{4}{3}$,试证明:有无穷多个正整数 n,使$[nr]$ 为质数.

6. 求使$\dfrac{101 \times 102 \times \cdots \times 1000}{7^k}$ 为整数的最大自然数 k.

7. 证明:方程

$$[x] + [2x] + [4x] + [8x] + [16x] + [32x] = 12345$$

没有实数解.

8. 设 $r = \dfrac{\sqrt{5} - 1}{2}$,证明:对于正整数 n,有

$$[r[rn] + r] + [r(n+1)] = n.$$

§3.2　$\tau(n)$ 与 $\sigma(n)$

3.2.1　$\tau(n)$

$\tau(n)$ 表示正整数 n 的因数个数(有些书上也用$d(n)$ 来表示),这里因数均指正因数.

设 $n = p_1^{\alpha_1} p_2^{\alpha_2} \cdots p_s^{\alpha_s}$ 是 n 的质因数分解式,则 n 的因数为

$$p_1^{\beta_1} p_2^{\beta_2} \cdots p_s^{\beta_s}, \ 0 \leqslant \beta_i \leqslant \alpha_i, \ i = 1, 2, \cdots, s.$$

即 p_i 的指数 β_i 有$(\alpha_i + 1)$ 个不同的值 $0, 1, 2, \cdots, \alpha_i (i = 1, 2, \cdots, s)$.于是根

据乘法原理得

$$\tau(n) = (\alpha_1 + 1)(\alpha_2 + 1)\cdots(\alpha_s + 1) \qquad (3.2.1)$$

这就是 $\tau(n)$ 的计算公式.

由 (3.2.1) 式可知当且仅当所有 α_i 为偶数时, $\tau(n)$ 是奇数, 即当且仅当 n 为平方数时, $\tau(n)$ 是奇数(参见第 1 章 §1.1 的例 1).

例 1 求 $\tau(n) = 10$ 的最小正整数 n.

解 因为 $10 = 2 \times 5$, 所以 $n = p^9$ 或 $p_1^1 p_2^4$.

由于 $2^9 > 3 \times 2^4$, 于是最小的 $n = 3 \times 2^4 = 48$.

例 2 求 n 的所有正因数的积.

解 我们用记号 $\prod\limits_{d \mid n} d$ 表示 n 的所有因数的积, 而 $\sum\limits_{d \mid n} 1$ 就是 n 的因数的个数 $\tau(n)$. 因此

$$\prod_{d \mid n} d = \prod_{d \mid n} \frac{n}{d} = \sqrt{\prod_{d \mid n} \left(d \times \frac{n}{d} \right)}$$

$$= \sqrt{\prod_{d \mid n} n} = n^{\frac{1}{2} \sum\limits_{d \mid n} 1} = n^{\frac{\tau(n)}{2}} \qquad (3.2.2)$$

说明 利用了 "n 有因数 d, 则必有因数 $\dfrac{n}{d}$", 即 "1—1 配对" 的基本想法.

例 3 n 为何值时, n 的所有因数的积为 n 的平方?

解 由 (3.2.2) 得 $\dfrac{1}{2}\tau(n) = 2$, 即

$$\tau(n) = 2 \times 2 = 4,$$

所以 $n = p^3$ 或 $p_1 p_2$, 其中 p, p_1, p_2 为质数, $p_1 \neq p_2$.

3.2.2 $\sigma(n)$

$\sigma(n)$ 表示正整数 n 的所有因数的和, 即 $\sigma(n) = \sum\limits_{d \mid n} d$.

设 n 的分解式为 $p_1^{\alpha_1} p_2^{\alpha_2} \cdots p_s^{\alpha_s}$, 则

$$\sigma(n) = \sum_{\substack{0 \leqslant \beta_i \leqslant \alpha_i \\ i = 1, 2, \cdots, s}} p_1^{\beta_1} p_2^{\beta_2} \cdots p_s^{\beta_s}$$

$$= \sum_{\substack{0 \leqslant \beta_i \leqslant \alpha_i \\ i=2, \cdots, s}} (p_1^0 + p_1 + \cdots + p_1^{\alpha_1}) p_2^{\beta_2} \cdots p_s^{\beta_s}$$

$$= \sum_{\substack{0 \leqslant \beta_i \leqslant \alpha_i \\ i=3, 4, \cdots, s}} (p_1^0 + \cdots + p_1^{\alpha_1})(p_2^0 + p_2 + \cdots + p_2^{\alpha_2}) p_3^{\beta_3} \cdots p_s^{\beta_s}$$

$$= \cdots\cdots$$

$$= (p_1^0 + \cdots + p_1^{\alpha_1})(p_2^0 + p_2 + \cdots + p_2^{\alpha_2}) \cdots (p_s^0 + p_s + \cdots + p_s^{\alpha_s})$$

$$= \frac{p_1^{\alpha_1+1} - 1}{p_1 - 1} \cdot \frac{p_2^{\alpha_2+1} - 1}{p_2 - 1} \cdots \frac{p_s^{\alpha_s+1} - 1}{p_s - 1}.$$

故

$$\sigma(n) = \prod_{i=1}^{s} \frac{p_i^{\alpha_i+1} - 1}{p_i - 1}, \tag{3.2.3}$$

这就是 $\sigma(n)$ 的计算公式.

例 4 n 为什么数时, $\sigma(n)$ 为奇数?

解 $\sigma(n)$ 为奇数, 则 (3.2.3) 式中每一个乘数 $\dfrac{p_i^{\alpha_i+1}-1}{p_i-1}$ 都为奇数.

由于 $1 + p + p^2 + \cdots + p^\alpha = \dfrac{p^{\alpha+1}-1}{p-1}$, 所以在 p 为奇质数时, 当且仅当 α 为偶数时 $\dfrac{p^{\alpha+1}-1}{p-1}$ 为奇数. 又 $1 + 2 + \cdots + 2^\alpha$ 恒为奇数, 因此, 设 $n = 2^t \cdot j$, j 为奇数, 则当且仅当 j 为平方数时, $\sigma(n)$ 为奇数.

故 $n = m^2$ 或 $2m^2$, m 是正整数.

数论中常研究定义域为自然数数集, 值为整数的函数. 这种函数通常称为数论函数.

定义 3.1 如果 $f(n)$ 为数论函数, 并且对于任何一对互质的自然数 a, b 有
$$f(ab) = f(a) \cdot f(b),$$
那么 $f(n)$ 称为积性函数.

根据 (3.2.1) 和 (3.2.3), 容易知道 $\tau(n)$, $\sigma(n)$ 都是积性函数.

3.2.3 完全数

如果自然数 n 的因数的和是 n 的两倍, 即 $\sigma(n) = 2n$, 那么 n 称为完全数.

例如,$6=1+2+3$, $28=1+2+4+7+14$ 都是完全数.

例5 偶数 n 是完全数的充分必要条件是 $n=2^{p-1}(2^p-1)$,其中 p 与 2^p-1 均为质数.

证明 设 p 与 2^p-1 均为质数,则由(3.2.3)得

$$\sigma(n)=\frac{2^p-1}{2-1}\cdot(1+(2^p-1))$$

$$=(2^p-1)\cdot 2^p$$

$$=2n,$$

即 n 为完全数.

反之,设 $n=2^i\cdot j$ 为完全数,这里 j 为奇数,i 为正整数,则

$$\sigma(n)=\sigma(2^i)\cdot\sigma(j)=(2^{i+1}-1)\sigma(j)=2n=2^{i+1}\cdot j,$$

$$\sigma(j)=2^{i+1}\cdot\frac{j}{2^{i+1}-1}=j+\frac{j}{2^{i+1}-1},$$

上式表明 $\dfrac{j}{2^{i+1}-1}$ 是整数,并且 j 只有两个因数 j 及 $\dfrac{j}{2^{i+1}-1}$.于是 j 为质数,并且

$$\frac{j}{2^{i+1}-1}=1,$$

即 $j=2^{i+1}-1$ 是质数,从而推知 $i+1$ 是质数(参见第 1 章 §1.3 例 11).

因此,$n=2^{p-1}(2^p-1)$,这里 p 与 2^p-1 均为质数.

偶完全数是否有无穷多个?这是至今未能解决的课题,另一个著名的难题是:是否存在奇完全数?

我们已有结论:

如果 n 是奇完全数,那么

$$n=p^\alpha q_1^{2\beta_1} q_2^{2\beta_2}\cdots q_t^{2\beta_t} \tag{3.2.4}$$

其中 p, q_1, $\cdots$, q_t 为不同的质数,$t\geqslant 2$, α 和 p 都是形如 $4k+1$ 的自然数,β_i 是非负整数,$1\leqslant i\leqslant t$(有兴趣的读者可以证明这一结论).

由这一结论可知,如果奇完全数存在,那么它至少有 3 个不同的奇质因数.

目前已经知道,如果奇完全数存在,它一定大于 10^{200},而且至少有 15 个不同的奇质因数.

练 习 3.2

1. 计算:$\tau(420)$,$\sigma(420)$.

2. 证明 Cardano 的结论:若 p_1,p_2,$\cdots$,p_k 是不同的质数,则
$$\tau(p_1 p_2 \cdots p_k) - 1 = 1 + 2 + \cdots + 2^{k-1}.$$

3. 若 n 是 2 的幂,则 $\sigma(n)$ 是奇数.

4. (1) 证明:若 $f(n)$ 是积性函数,则 $\dfrac{f(n)}{n}$ 也是积性函数.

(2) 否定下列命题:若 $f(n)$ 是积性函数,则 $f(n) - n$ 也是积性函数.

5. n 为什么数时 $\tau(n) = 8$?

6. 当 k 为任一正整数时,n 的方程 $\tau(n) = k$ 是否有解?

7. 证明:$\sum\limits_{d \mid n} \dfrac{1}{d} = \dfrac{\sigma(n)}{n}$.

8. 若 n 为奇数,(1) 问 $x^2 - y^2 = n$ 有多少组解? (2) 证明 $x^2 - y^2 = 2n$ 无解.

9. 定义:若 $\sigma(m) - m = n$,$\sigma(n) - n = m$,则称 m 与 n 是(一对)亲和数.证明:若 m 与 n 为亲和数,则
$$\left(\sum_{d \mid m} \frac{1}{d} \right)^{-1} + \left(\sum_{d \mid n} \frac{1}{d} \right)^{-1} = 1.$$

10. 证明:所有的偶完全数以 6 和 8 结尾.

11. 若 n 为偶完全数,$n > 6$,证明:$n \equiv 1 \pmod 9$.

12. 记 $\sigma_k(n) = \sum\limits_{d \mid n} d^k$,其中 k 为正整数,试给出 $\sigma_k(n)$ 的计算公式.

§3.3 $\varphi(n)$

3.3.1 欧拉函数 $\varphi(n)$

设 n 为正整数,$\varphi(n)$ 表示不大于 n 并且与 n 互质的自然数个数,称 $\varphi(n)$ 为欧拉函数.

例如,$\varphi(1) = 1$,$\varphi(2) = 1$,$\varphi(10) = 4$($1, 2, \cdots, 9$ 中与 10 互质的数有 1,

3，7，9 四个).

关于 $\varphi(n)$，我们有如下结论.

性质 3.5　对质数 p，$\varphi(p) = p - 1$.

性质 3.6　对质数 p 及正整数 k，

$$\varphi(p^k) = p^{k-1}(p - 1). \tag{3.3.1}$$

这是因为在 1，2，$\cdots$，p^k 中只有 p 的倍数 p，$2p$，$\cdots$，p^k 不与 n 互质，即只有

$\dfrac{n}{p} = p^{k-1}$ 个数不与 n 互质，于是有

$$\varphi(p^k) = p^k - p^{k-1} = p^{k-1}(p - 1).$$

性质 3.7　$\varphi(n)$ 是积性函数，也就是若 $(a，b) = 1$，则

$$\varphi(ab) = \varphi(a) \cdot \varphi(b).$$

证明　$\varphi(ab)$ 就是下面的 a 行 b 列的数表中与 ab 互质的数的个数:

$$
\begin{array}{ccccc}
1 & 2 & \cdots & k & \cdots \; b, \\
b+1 & b+2 & \cdots & b+k & \cdots \; 2b, \\
2b+1 & 2b+2 & \cdots & 2b+k & \cdots \; 3b, \\
& \cdots & & & \cdots \\
(a-1)b+1 & (a-1)b+2 & \cdots & (a-1)b+k & \cdots \; ab,
\end{array}
$$

在第一行中有 $\varphi(b)$ 个数与 b 互质，其余的数不与 b 互质.每个不与 b 互质的数，所在的列中，每一个数都不与 b 互质，因而也不与 ab 互质.将这些列全部删去，留下的仅有 $\varphi(b)$ 列.

0，1，$\cdots$，$a-1$ 构成 $\bmod a$ 的一个完系.由于 a 与 b 互质，所以(根据(2.1.5))

$$0 \cdot b + j，1 \cdot b + j，\cdots，(a-1)b + j$$

也是 $\bmod a$ 的完系 $(j = 1，2，\cdots，b)$.与 0，1，$\cdots$，$a-1$ 一样，其中有 $\varphi(a)$ 个与 a 互质，其余的不与 a 互质.这样，$\varphi(b)$ 列共有 $\varphi(a)\varphi(b)$ 个数，这些数既与 a 互质，又与 b 互质，因而与 ab 互质.

故　　　　　　　　$\varphi(ab) = \varphi(a) \cdot \varphi(b).$

利用(1.2.3)，我们可以得到 $\varphi(n)$ 的计算公式.

性质 3.8　设 $n = p_1^{\alpha_1} p_2^{\alpha_2} \cdots p_s^{\alpha_s}$，则

$$\varphi(n) = p_1^{\alpha_1 - 1} \cdot p_2^{\alpha_2 - 1} \cdot \cdots \cdot p_s^{\alpha_s - 1}(p_1 - 1)(p_2 - 1)\cdots(p_s - 1). \tag{3.3.2}$$

例 1　什么样的正整数 x 满足

$$\varphi(2x) = \varphi(3x).$$

解　设 $x = 2^a 3^b y$，其中 a，b 为非负整数，$6 \nmid y$。

若 $b > 0$，则

$$\varphi(2x) = \varphi(2^{a+1})\varphi(3^b)\varphi(y) = 2^a \cdot 3^{b-1} \cdot 2\varphi(y),$$

$$\varphi(3x) = \varphi(2^a)\varphi(3^{b+1})\varphi(y) = 2^{a-1} \cdot 3^b \cdot 2\varphi(y).$$

因而　$\varphi(2x) \neq \varphi(3x)$。所以在 $\varphi(2x) = \varphi(3x)$ 时，$b = 0$，$x = 2^a y$。这时，

$$\varphi(2x) = 2^a \varphi(y), \quad \varphi(3x) = 2\varphi(2^a) \cdot \varphi(y),$$

因而　　　　　　　　　$\varphi(2^a) = 2^{a-1}$，$a > 0$。

故 $x = 2^a y$，a 为正整数，$6 \nmid y$。

例 2　证明：$\varphi(n) = \dfrac{1}{4}n$ 不可能成立。

解　若 $\varphi(n) = \dfrac{1}{4}n$，则 $4 \mid n$。

设 $n = 2^a p_1^{\alpha_1} \cdots p_s^{\alpha_s}$，$p_i$ 为奇质数，$a \geq 2$，则

$$2^{a-2} p_1^{\alpha_1} \cdots p_s^{\alpha_s} = 2^{a-1} p_1^{\alpha_1-1} p_2^{\alpha_2-1} \cdots p_s^{\alpha_s-1}(p_1-1)\cdots(p_s-1),$$

于是

$$p_1 p_2 \cdots p_k = 2(p_1-1)\cdots(p_s-1),$$

上式右边为偶数，左边为奇数，矛盾！

故不存在 n 使得 $\varphi(n) = \dfrac{1}{4}n$。

例 3　证明：$\varphi(n)\tau(n) \geq n$。

解　设 $n = p_1^{\alpha_1} p_2^{\alpha_2} \cdots p_s^{\alpha_s}$，$\alpha_i$ 为非负整数，则由(3.2.1)及(3.3.2)，得

$$\varphi(n) = n\left(1 - \frac{1}{p_1}\right)\left(1 - \frac{1}{p_2}\right)\cdots\left(1 - \frac{1}{p_s}\right)$$

$$\geq n\left(1 - \frac{1}{2}\right)\cdots\left(1 - \frac{1}{2}\right) = \frac{n}{2^s},$$

$$\tau(n) = (\alpha_1+1)(\alpha_2+1)\cdots(\alpha_s+1) \geq 2^s,$$

于是

$$\varphi(n)\tau(n) \geq \frac{n}{2^s} \cdot 2^s = n.$$

3.3.2　欧拉定理

在 $\mathrm{mod}\, n$ 的剩余类中有 $\varphi(n)$ 个类,这些类中的数与 n 互质.在这些类中各取一个数,就得到 $\varphi(n)$ 个数,称这 $\varphi(n)$ 个数为 $\mathrm{mod}\, n$ 的一个缩系.

如果 a,b 都与 n 互质,那么 ab 也与 n 互质,因此在 $\mathrm{mod}\, n$ 的缩系中可以做乘法.在 n 为质数 p 时,我们已经知道在 $\mathrm{mod}\, p$ 的缩系中可以做除法(即 Z_p 为域).在 $\mathrm{mod}\, n$ 的缩系中同样可以做除法吗?

在缩系中可以做除法,即设 a,b 为 $\mathrm{mod}\, n$ 的缩系中两个元素,则一定有 x 使

$$ax \equiv b\ (\mathrm{mod}\, n),$$

并且 x 在 $\mathrm{mod}\, n$ 的缩系中.理由如下:

设 b_1,b_2,$\cdots$,$b_{\varphi(n)}$ 为一缩系,那么由于 a 与 n 互质,

$$a \bullet b_1, a \bullet b_2, \cdots, a \bullet b_{\varphi(n)}$$

$\mathrm{mod}\, n$ 互不同余(为什么?),并且均与 n 互质,所以它们也是 $\mathrm{mod}\, n$ 的缩系,其中必有一个与 b 在同一类,也就是 $ax \equiv b\ (\mathrm{mod}\, n)$ 有解.

由于 ab_1,ab_2,$\cdots$,$ab_{\varphi(n)}$ 是缩系,所以,我们有

$$(a \bullet b_1)(a \bullet b_2)\cdots(ab_{\varphi(n)}) \equiv b_1 b_2 \cdots b_{\varphi(n)}\quad (\mathrm{mod}\, n),$$

约去(与 n 互质的)$b_1 b_2 \cdots b_{\varphi(n)}$ 得

$$a^{\varphi(n)} \equiv 1\ (\mathrm{mod}\, n).$$

这就是欧拉定理.

欧拉定理　如果 $(a,n)=1$,那么

$$a^{\varphi(n)} \equiv 1\ (\mathrm{mod}\, n). \tag{3.3.3}$$

当 $n=p$ 时,$\varphi(n)=p-1$,所以费马小定理是欧拉定理的特殊情况.

例 4　若 $n \geqslant 1$,则

$$\sum_{d \mid n} \varphi(d) = n. \tag{3.3.4}$$

证明　考虑整数 1,2,$\cdots$,n,根据它们与 n 的最大公约数分类,即 $(a,n)=d$ 时,将 a 归入类 C_d 中(例如 $n=12$ 时,1,2,$\cdots$,12 被分成以下六类: $C_1=\{1,3,5,7,11\}$,$C_2=\{2,10\}$,$C_3=\{3,9\}$,$C_4=\{4,8\}$,$C_6=\{6\}$,

$C_{12} = \{12\}$).

这样,每一个 a 恰好属于一个类,因此,

$$n = \sum_{d \mid n} (C_d \text{ 的元素个数}).$$

由于 $(a, n) = d$,即 $\left(\dfrac{a}{d}, \dfrac{n}{d}\right) = 1$,而 $\dfrac{a}{d}$ 的个数就是 $1, 2, \cdots, \dfrac{n}{d}$ 中与 $\dfrac{n}{d}$ 互

质的数的个数,即 $\varphi\left(\dfrac{n}{d}\right)$. 于是,$C_d$ 中的元素个数为 $\varphi\left(\dfrac{n}{d}\right)$,从而

$$n = \sum_{d \mid n} \varphi\left(\frac{n}{d}\right).$$

当 d 跑遍 n 的因数时,$\dfrac{n}{d}$ 也跑遍 n 的因数,所以 $\displaystyle\sum_{d \mid n} \varphi\left(\frac{n}{d}\right) = \sum_{d \mid n} \varphi(d)$. 因此

(3.3.4) 成立.

例 5　求 7^{10000} 与 7^{9999} 的末三位数字.

解　求一个数的末三位数字,就是求这个数除以 1000 的余数.

因为

$$\varphi(1000) = \varphi(2^3 \times 5^3) = 2^2 \times 5^2 \times 4 = 400,$$

所以由欧拉定理,

$$7^{400} \equiv 1 \pmod{1000},$$

从而

$$7^{10000} = 7^{400 \times 25} \equiv 1^{25} \equiv 1 \pmod{1000},$$

即 7^{10000} 的末三位数字为 $0, 0, 1$.

因为　　　　　　$7 \times 7^{9999} = 7^{10000} \equiv 1 \equiv 1001 \pmod{1000}$,

所以,

$$7^{9999} \equiv \frac{1001}{7} = 143 \pmod{1000},$$

即 7^{9999} 的末三位数字是 $1, 4, 3$.

说明　为了求 7^{9999} 的末三位数字,应当先求 7^{10000} 的末三位数字.因为后者借助欧拉定理不难求出.

如果 n 与 10 互质,那么根据欧拉定理,

$$10^{\varphi(n)} \equiv 1 \pmod{n}.$$

因此,有正整数 k,使得 10^k-1 被 n 整除(例如 $k=\varphi(n)$).设这样的 k 中,最小的一个是 l.对任意的以 n 为分母既约分数 $\dfrac{m}{n}$,如果将它化为小数:

$$\frac{m}{n}=A+0.a_1a_2\cdots \qquad (3.3.5)$$

其中 A 是整数,$a_1,a_2,\cdots\in\{0,1,2,\cdots,9\}$,那么在式(3.3.5)两边同时乘以 10^l-1 得

$$\frac{(10^l-1)m}{n}=A(10^l-1)+10^l\times0.a_1a_2\cdots-0.a_1a_2\cdots \qquad (3.3.6)$$

式(3.3.6)的左边是整数,所以右边也是整数,从而

$$a_{l+1}=a_1,\ a_{l+2}=a_2,\cdots,\ a_{l+k}=a_k,$$

即 $0.a_1a_2\cdots$ 是一个纯循环小数(即从小数第一位开始循环的小数),循环节的长为 l.因此,在既约分数 $\dfrac{m}{n}$ 的分母与 10 互质时,$\dfrac{m}{n}$ 可化为纯循环小数,循环节的长 l 是满足

$$10^l\equiv1\ (\mathrm{mod}\ n) \qquad (3.3.7)$$

的最小的正整数.

更一般地,设 $n=2^a5^bn_1$,其中 a,b 是非负整数,n_1 与 10 互质,则对既约分数 $\dfrac{m}{n}$,令 c 为 a 与 b 中较大的一个,我们有:

$$10^c\cdot\frac{m}{n}=\frac{10^c}{2^a\cdot5^b}\cdot\frac{m}{n_1}$$

可化为纯循环小数,循环节的长 l 是满足

$$10^l\equiv1\ (\mathrm{mod}\ n_1) \qquad (3.3.8)$$

的最小的正整数.从而 $\dfrac{m}{n}\left(=\dfrac{1}{10^c}\cdot\left(\dfrac{10^l}{2^a\cdot5^b}\cdot\dfrac{m}{n_1}\right)\right)$ 可化为混循环小数,自第 $c+1$ 位小数开始循环,循环节的长 l 是满足(3.3.8)的最小的正整数.

反对来,对纯循环小数 $0.\dot{a}_1a_2\cdots\dot{a}_l$,我们有

$$(10^l-1)\cdot0.\dot{a}_1a_2\cdots\dot{a}_l$$
$$=10^l\cdot0.\dot{a}_1\cdots\dot{a}_l-0.\dot{a}_1\cdots\dot{a}_l=\overline{a_1a_2\cdots a_l},$$

所以

$$0.\dot{a}_1a_2\cdots\dot{a}_l = \frac{\overline{a_1a_2\cdots a_l}}{10^l - 1}.$$

即纯循环小数可以化为分数,分母是全由 9 组成的 l 位数,l 是循环节的长.分子正好是第一个循环节所表示的数.

同样,自第 $c+1$ 位小数开始循环的混循环小数 $0.b_1\cdots b_c\dot{a}_1a_2\cdots\dot{a}_l$,可化为分数:

$$0.b_1\cdots b_c\dot{a}_1a_2\cdots\dot{a}_l = \frac{1}{10^c}\times\left(\overline{b_1b_2\cdots b_c} + 0.\dot{a}_1a_2\cdots\dot{a}_l\right)$$

$$= \frac{1}{10^c}\times\left(\overline{b_1b_2\cdots b_c} + \frac{\overline{a_1a_2\cdots a_l}}{10^l - 1}\right)$$

$$= \frac{1}{10^c(10^l - 1)}\times\left(\overline{b_1b_2\cdots b_ca_1a_2\cdots a_l} - \overline{b_1b_2\cdots b_l}\right),$$

分母是 $99\cdots 90\cdots 0$(l 个 9,c 个 0),分子是

$$\overline{b_1b_2\cdots b_ca_1a_2\cdots a_l} - \overline{b_1b_2\cdots b_c}.$$

循环节的长度 l 可以任意地大.例如 1997 是一个质数,满足

$$10^l \equiv 1\,(\mathrm{mod}\,1997)$$

的最小的正整数 $l=1996$,所以 $\dfrac{1}{1997}$ 化成循环小数时,循环节的长是 1996.

练 习 3.3

1. 证明:如果 n 的末位数字为 7,那么 n 一定有一个倍数,它的数字全不为 0.

2. 计算 $\varphi(420)$.

3. 完全数满足 $\sigma(n) = 2n$,什么数满足

$$\varphi(n) = 2n?$$

4. $1+2 = \left(\dfrac{3}{2}\right)\varphi(3)$,$1+3 = \left(\dfrac{4}{2}\right)\varphi(4)$,

$1+2+3+4 = \left(\dfrac{5}{2}\right)\varphi(5)$,$1+5 = \left(\dfrac{6}{2}\right)\varphi(6)$,

$1+2+3+4+5+6 = \left(\dfrac{7}{2}\right)\varphi(7)$,$1+3+5+7 = \left(\dfrac{8}{2}\right)\varphi(8)$.

由此提出一个猜想.

5. 设 $n = dm$.证明:小于 n 且与 n 的最大公约数为 d 的正整数一共有 $\varphi(m)$ 个.

6. (1) 证明:若 $(m, n) = 2$,则

$$\varphi(mn) = 2\varphi(m)\varphi(n).$$

(2) 若 $(m, n) = p$,则 $\varphi(mn)$ 与 $\varphi(m)\varphi(n)$ 间有什么关系?

7. 7 的幂结尾能是 0000001 吗?

8. 求出一个正整数 k,$k \neq 7$,并且 $\varphi(n) = 2k$ 不可能成立.

9. 设函数 $\mu(n)$,满足

$$\mu(n) = \begin{cases} 1, & n = 1; \\ (-1)^k, & n \text{ 为 } k \text{ 个不同质数的积;} \\ 0, & n \text{ 被一个质数的平方整除.} \end{cases}$$

这个函数称为莫比乌斯(Mobius)函数.证明:

(1) $\mu(n)$ 是积性函数.

(2) $\displaystyle\sum_{d \mid n} \mu(d) = \begin{cases} 1, \text{ 若 } n = 1; \\ 0, \text{ 若 } n > 1. \end{cases}$

(3) $\displaystyle\sum_{d \mid n} |\mu(d)| = 2^k$,$k$ 为不同质因数的个数.

(4) 设 n 是大于 1 的正整数,$n = \prod_{i=1}^{s} p_i^{\alpha_i}$,那么

$$\sum_{d \mid n} \frac{\mu(n)}{d} = \left(1 - \frac{1}{p_1}\right)\left(1 - \frac{1}{p_2}\right)\cdots\left(1 - \frac{1}{p_s}\right).$$

10. 证明:存在无穷多个奇数 n,使得

$$\sigma(n) > 2n.$$

11. 设 $\mu(n)$ 是莫比乌斯函数,证明:

$$\sum_{d^2 \mid n} \mu(d) = \mu^2(n).$$

第 4 章　不 定 方 程

§4.1　一次不定方程

设整数 $n \geqslant 2, N, a_1, a_2 \cdots, a_n$ 是整数且 $a_1 a_2 \cdots a_n \neq 0$,方程

$$a_1 x_1 + a_1 x_2 + \cdots + a_n x_n = N,$$

称为 n 元一次不定方程.通常我们只求这个方程的整数解,以下如没有特别声明,解都是指整数解.

不定方程的基本问题是:方程有没有解? 如果有解,怎样求出它的解?

定理 4.1　二元一次不定方程

$$ax + by = c$$

有解的充分必要条件是 $(a, b) \mid c$.

证明　定理的必要性是显然的, 我们只证充分性. 设 $d = (a, b), c = dc_1$, 则由裴蜀恒等式,存在整数 s 和 t,使得

$$as + bt = d,$$

两边同乘以 c_1,得

$$asc_1 + btc_1 = c,$$

从而方程 $ax + by = c$ 有整数解 $x = sc_1, y = tc_1$.

证毕.

定理 4.2　设二元一次不定方程

$$ax + by = c \tag{4.1.1}$$

有解,(x_0, y_0) 是它的一组解.那么,它的所有解为

$$\begin{cases} x = x_0 - \dfrac{b}{(a,b)}t, \\ y = y_0 + \dfrac{a}{(a,b)}t, \end{cases} \qquad t = 0, \pm 1, \pm 2, \cdots. \qquad (4.1.2)$$

证明 设 t 是任意整数,把(4.1.2)式代入(4.1.1)式,得

$$a\left(x_0 - \frac{b}{(a,b)}t\right) + b\left(y_0 + \frac{a}{(a,b)}t\right) = ax_0 + by_0 = c.$$

故 t 为整数时,(4.1.2)式均为(4.1.1)式的一组解.

反过来,设 (x,y) 是(4.1.1)式的一组解,由

$$ax + by = c = ax_0 + by_0$$

得

$$a(x - x_0) = -b(y - y_0).$$

因此

$$\frac{a}{(a,b)}(x - x_0) = -\frac{b}{(a,b)}(y - y_0).$$

因为

$$\left(\frac{a}{(a,b)}, \frac{b}{(a,b)}\right) = 1,$$

所以

$$\frac{a}{(a,b)} \mid y - y_0.$$

可设

$$y - y_0 = \frac{a}{(a,b)}t, \text{即 } y = y_0 + \frac{a}{(a,b)}t,$$

从而

$$x = x_0 - \frac{b}{(a,b)}t.$$

这就证明了 x,y 可表示为(4.1.2)的形式.证毕.

定理 4.2 中的 x_0, y_0 称为(4.1.1)式的一组特解,(4.1.2)式称为(4.1.1)式的通解,通解中的参数 t 可以取任意整数.因此如果二元一次不定方程有解,那么它就有无穷多组解,寻求特解是解二元一次不定方程的关键.特解可以用

辗转相除法求得.在 a,b 不很大时,也可用观察与尝试定出特解.

解二元一次不定方程的一般步骤是:

(1) 判断方程是否有解;

(2) 如果方程有解,那么先求出方程

$$\frac{a}{(a,b)}x + \frac{b}{(a,b)}y = 1$$

的一组特解,从而得到方程 $ax+by=c$ 的一组特解;

(3) 写出方程 $ax+by=c$ 的通解.

例1　求 $10x+7y=17$ 的全部解.

解　容易看出 $x_0=1,y_0=1$ 是一组特解.因此全部解是

$$\begin{cases} x=1-7t, \\ y=1+10t, \end{cases} t=0,\pm 1,\pm 2,\cdots.$$

例2　求 $18x+24y=9$ 的全部解.

解　由于 $(18,24)=6\nmid 9$,从而方程无解.

例3　求不定方程 $11x+15y=7$ 的全部解.

解　由 $(15,11)=1$ 知方程有解,且

$$15=11\times 1+4,$$
$$11=4\times 2+3,$$
$$4=3\times 1+1,$$
$$3=1\times 3.$$

所以

$$1=4-3\times 1=4-(11-4\times 2)\times 1$$
$$=4\times 3-11$$
$$=(15-11\times 1)\times 3-11$$
$$=11\times(-4)+15\times 3.$$

从而在上式两边同时乘以 7 得

$$11\times(-28)+15\times 21=7,$$

即 $x_0=-28,y_0=21$ 是一组特解.

因此方程的全部解为

$$\begin{cases} x = -28 - 15t, \\ y = 21 + 11t, \end{cases} \quad t = 0, \pm 1, \pm 2, \cdots.$$

关于不定方程 $a_1 x_1 + a_2 x_2 + \cdots + a_n x_n = N\ (n > 2)$ 的解法,我们用下面的例子来说明.

例 4　解不定方程 $12x_1 + 20x_2 + 30x_3 = 22$.

解　原方程等价于 $6x_1 + 10x_2 + 15x_3 = 11$,其中未知数的系数 $6,10,15$ 中以 6 的绝对值最小,将 x_1 用其他未知数表示:

$$x_1 = \frac{1}{6}(11 - 10x_2 - 15x_3)$$

$$= 2 - 2x_2 - 3x_3 + \frac{1}{6}(-1 + 2x_2 + 3x_3).$$

令 $u = \frac{1}{6}(-1 + 2x_2 + 3x_3)$,则 u 应当是整数,且

$$2x_2 + 3x_3 - 6u = 1.$$

其中未知数的系数以 2 的绝对值为最小,将 x_2 用其他未知数表示:

$$x_2 = \frac{1}{2}(1 - 3x_3 + 6u)$$

$$= -x_3 + 3u + \frac{1}{2}(1 - x_3).$$

令 $v = \frac{1}{2}(1 - x_3)$,则 v 应当是整数,且 $x_3 = 1 - 2v$.所以,

$$x_2 = \frac{1}{2}(1 - 3x_3 + 6u)$$

$$= \frac{1}{2}(1 - 3(1 - 2v) + 6u)$$

$$= 3u + 3v - 1,$$

$$x_1 = \frac{1}{6}(11 - 10x_2 - 15x_3) = 1 - 5u.$$

因此,方程的解为

$$\begin{cases} x_1 = 1 - 5u, \\ x_2 = 3u + 3v - 1, \\ x_3 = 1 - 2v, \end{cases}$$

其中 $u,v \in \mathbf{Z}$.

例 5 (《张邱建算经》百鸡问题)

鸡翁一,值钱五,鸡母一,值钱三,鸡雏三,值钱一,百钱买百鸡,问鸡翁母雏各几何?

解 设 x,y,z 分别为鸡翁,鸡母,鸡雏数,则问题相当于求方程组

$$\begin{cases} 5x + 3y + \dfrac{1}{3}z = 100, \\ x + y + z = 100, \end{cases}$$

的非负整数解.由两个方程消去 z 化为二元一次不定方程

$$7x + 4y = 100.$$

易知 $x_0 = 0, y_0 = 25$ 是这个方程的一组解,从而它的全部解为

$$\begin{cases} x = 4t, \\ y = 25 - 7t, \end{cases} \qquad t = 0, \pm 1, \pm 2, \cdots.$$

因此它的全部非负整数解只有 $(x,y) = (0,25),(4,18),(8,11),(12,4)$,对应的 z 值分别是 $75,78,81,84$.

所以原题共有 4 组解:

$$\begin{cases} x=0, \\ y=25, \\ z=75; \end{cases} \quad \begin{cases} x=4, \\ y=18, \\ z=78; \end{cases} \quad \begin{cases} x=8, \\ y=11, \\ z=81; \end{cases} \quad \begin{cases} x=12, \\ y=4, \\ z=84. \end{cases}$$

练 习 4.1

1. 解下列不定方程:

(1) $15x + 25y = 100$;

(2) $60x + 123y = 25$;

(3) $35x + 21y = 98$;

(4) $907x + 731y = 2107$;

(5) $306x - 360y = 630$;

(6) $127x - 52y + 1 = 0$;

(7) $12x + 9y + 2z = 40$;

(8) $9x + 24y - 5z = 1000$.

2. 求下列不定方程的正整数解:

(1) $5x + 7y = 41$;

(2) $7x + 3y = 123$.

3. 把 100 个苹果分成两堆,使得一堆的个数被 7 整除,另一堆的个数被 11 整除.

4. 把 $\frac{17}{60}$ 写成分母两两互质的三个既约分数的和.

5. 有面值 1 元、2 元以及 5 元的人民币共 50 张,它们的总值是 80 元,问这些面值的人民币各多少张?

6. 设 n 为给定的整数,求 $2x+3y=4n$ 的全部整数解 (x,y).

§4.2   费 马 方 程

费马方程是指形如

$$x^n+y^n=z^n,$$

其中 n 为正整数的方程.

当 $n=1$ 时,这个方程显然有无穷多组解.

当 $n=2$ 时,对于满足 $x^2+y^2=z^2$ 的每一组正整数解 x,y,z,总存在一个直角三角形,三边长为整数 x,y,z.我国古代《周髀算经》中就记载有"勾广三,股修四,弦隅五",即 $(x,y,z)=(3,4,5)$ 是一个直角三角形的三个边长.在刘徽的《九章算术》(公元 263 年) 中又记载了方程 $x^2+y^2=z^2$ 的另外四组整数解 $(x,y,z)=(5,12,13),(8,15,17),(7,24,25)$ 和 $(20,21,29)$.现在我们给出方程

$$x^2+y^2=z^2 \tag{4.2.1}$$

的全部整数解.

显然 $x=0,y=0,z=0$;$x=0,y=\pm z$;或 $y=0,x=\pm z$ 均是 $x^2+y^2=z^2$ 的解.除此以外,$x^2+y^2=z^2$ 的每一组整数解都不包含零.要求 $x^2+y^2=z^2$ 的一切非零整数解,只须求出一切正整数解.因此设 $x>0,y>0,z>0$.

若 $x^2+y^2=z^2$ 有非零解 x,y,z,且 $d=(x,y)>1$,则 $d^2 \mid x^2+y^2$,即 $d^2 \mid z^2,d \mid z$.此时可从方程 $x^2+y^2=z^2$ 的两边约去 d,因此我们设 $(x,y)=1$.

由 $(x,y)=1,x,y$ 不能同是偶数;又若 x,y 均为奇数,则 $x^2=4m+1,y^2=4n+1$,从而 $x^2+y^2=4(m+n)+2$.但 $z^2=4N$ 或 $4N+1$,所以 $x^2+y^2 \neq z^2$.因此 x,y 一定一奇一偶,不妨设 y 是偶数,则 x,z 均是奇数.因而 $\frac{z+x}{2},\frac{z-x}{2}$

都是正整数,令 $d = \left(\dfrac{z+x}{2}, \dfrac{z-x}{2} \right)$,则

$$d \left| \dfrac{z+x}{2} + \dfrac{z-x}{2} = z, \quad d \right| \dfrac{z+x}{2} - \dfrac{z-x}{2} = x,$$

于是 $d \mid y$,从而 $d \mid (x,y) = 1$,即 $d = 1$.

由(4.2.1)得

$$\left(\dfrac{y}{2} \right)^2 = \dfrac{z+x}{2} \cdot \dfrac{z-x}{2}. \tag{4.2.2}$$

因为 $\dfrac{z+x}{2}, \dfrac{z-x}{2}$ 是互质的正整数,所以由(4.2.2)可得

$$\dfrac{z+x}{2} = a^2, \dfrac{z-x}{2} = b^2, \tag{4.2.3}$$

从而 $y = 2ab$.

由(4.2.3)得

$$x = a^2 - b^2, \quad z = a^2 + b^2.$$

从而(4.2.1)的解都可以写成

$$\begin{cases} x = (a^2 - b^2)d, \\ y = 2abd, \\ z = (a^2 + b^2)d. \end{cases} \tag{4.2.4}$$

或

$$\begin{cases} x = 2abd, \\ y = (a^2 - b^2)d, \\ z = (a^2 + b^2)d \end{cases} \tag{4.2.5}$$

的形式,其中 a,b,d 都是整数.

反过来,不难验证这种形式的数一定是方程(4.2.1)的解.

容易看出在 $d = 1, (a,b) = 1$ 时,x, y, z 两两互质.而且在 $a > b$ 都是正整数时,x, y, z 都是正整数.反过来,在 x, y, z 都是正整数,并且 x, y 互质时,$d = 1, (a,b) = 1$,并且 $\mid a \mid > \mid b \mid$.

于是,我们有:

定理 4.3 方程

$$x^2 + y^2 = z^2$$

的解由(4.2.4)式或(4.2.5)式给出.当且仅当 $d=1$,$(a,b)=1$ 时,x,y 互质.

1637 年,法国数学家费马提出了如下猜想:当 $n \geqslant 3$ 时,不定方程

$$x^n + y^n = z^n$$

没有正整数解.这就是著名的费马大定理或费马最后定理.直到 1995 年,这个猜想才被英国数学家怀尔斯(Andrew Wiles)完全证明.

下面,我们给出 $n=4$ 时费马大定理的证明.

首先证明稍强一点的:

定理 4.4　不定方程

$$x^4 + y^4 = z^2 \tag{4.2.6}$$

没有正整数解.

证明采用费马的无穷递降法.

这种方法的要点是假设方程(4.2.6)有一组正整数解 (x_0, y_0, z_0).设法由这一组解再产生一组解 (x_1, y_1, z_1),同样由 (x_1, y_1, z_1) 产生新的解 (x_2, y_2, z_2),这样继续下去.如果有

$$z_0 > z_1 > z_2 > \cdots \tag{4.2.7}$$

那么上述过程就不能无穷地继续下去,因为(4.2.7)是严格递降的正整数数列,这样的数列只能有有限多项.

我们将要指出,根据定理 4.3,总可以由一组解造出一组新的解来,而且其中的 z 比原来的小,这就产生矛盾.这矛盾表明(4.2.6)无解.

下面的证明,思路基本上与无穷递降法相同.但在一开始就假定在所有正整数解中,z_0 是最小的.这样,只需再造出一组新的正整数解,其中的 z 小于 z_0,就导出矛盾.

造新解的办法,就是利用定理 4.3.

证明　设(4.2.6)有正整数解,则可设 (x_0, y_0, z_0) 是所有正整数解中 z_0 值最小的解.

如果 x_0,y_0 有公共素因子 p,则由 $x_0^4 + y_0^4 = z_0^2$ 可知 $p^4 \mid z_0^2$,即 $p^2 \mid z_0$,于是 $\left(\dfrac{x_0}{p}, \dfrac{y_0}{p}, \dfrac{z_0}{p^2} \right)$ 也是一组正整数解,但这与 z_0 的最小性相矛盾.从而 $(x_0, y_0) =$

1,且(x_0^2, y_0^2, z_0)是$x^2+y^2=z^2$的一组解,不妨设y_0为偶数,由定理 4.3 可知

$$\begin{cases} x_0^2 = a^2 - b^2, \\ y_0^2 = 2ab, \\ z_0 = a^2 + b^2, \end{cases}$$

其中$(a,b)=1$,并且$a>b>0$.

如果a为偶数,那么b为奇数,从而$x_0^2 = a^2 - b^2 \equiv 3 \pmod 4$,这不可能.
因此a为奇数.由$\left(\dfrac{y_0}{2}\right)^2 = a \cdot \dfrac{b}{2}$知$b$为偶数.由$\left(a, \dfrac{b}{2}\right)=1$可知$a=u^2$,$\dfrac{b}{2}=v^2$,
$(u,v)=1$,其中u,v为正整数并且u为奇数.于是

$$x_0^2 = u^4 - 4v^4,$$

即

$$x_0^2 + 4v^4 = u^4.$$

所以$(x_0, 2v^2, u^2)$又是$x^2+y^2=z^2$的一组解,而且$(2v^2, u^2)=1$,从而
$(x_0, 2v^2)=1$.再用定理 4.3,得

$$\begin{cases} x_0 = \rho^2 - \sigma^2, \\ 2v^2 = 2\rho\sigma, \\ u^2 = \rho^2 + \sigma^2, \end{cases}$$

其中$\rho > \sigma > 0$且$(\rho, \sigma)=1$.

由于$v^2 = \rho\sigma$,从而可设

$$\rho = r^2, \sigma = s^2,$$

其中r和s均为正整数且$(r,s)=1$.于是

$$r^4 + s^4 = u^2,$$

即r, s, u也是(4.2.6)的解.但$z_0 = a^2 + b^2 = u^4 + 4v^4 > u > 0$,与$z_0$的最小性矛
盾.因此证明了定理 4.4.

推论 4.5　不定方程$x^4 + y^4 = z^4$没有正整数解.

练　习　4.2

1. 求不定方程$x^2+y^2=z^2$满足$z=65$,而且$y>x>0$的全部解(x,y,z).

2. 求不定方程 $x^2 + y^2 = z^2$ 满足 $x < y < z < 30$ 的全部正整数解.

3. 如果直角三角形的三边均为整数且一边长为 20.求其他两边的长.

4. 求不定方程 $x^2 - y^2 = 72$ 的正整数解.

5. 证明：

(1) $x^4 + 4y^4 = z^2$ 没有正整数解；

(2) $x^4 - y^4 = z^2$ 没有正整数解.

6. 如果一个直角三角形的三边的长都是整数,证明它的面积不能是平方数.

第 5 章　　原根及其他

§5.1　阶、原根

设 n 为自然数,考虑 mod n 的缩系,对于缩系中的任一个元素 a,我们有

$$a^{\varphi(n)} \equiv 1 (\bmod n). \tag{5.1.1}$$

这就是 3.3.2 的欧拉定理.

因此,对于缩系中的任一元素 a,方程

$$a^x \equiv 1 (\bmod n) \tag{5.1.2}$$

一定有正整数解,$x = \varphi(n)$ 就是一个解,

(5.1.2) 可能还有其他的正整数解,在这些正整数解中一定有一个最小的,我们称之为 a mod n 的阶,记为 $\mathrm{ord}_n a$. 这里 ord 是英文 order 的简写. 例如 $n = 7$ 时,对于 $a = 2$,我们有

$$2^1 \equiv 2, 2^2 \equiv 4, 2^3 \equiv 1 (\bmod 7),$$

所以

$$\mathrm{ord}_7 2 = 3. \tag{5.1.3}$$

类似地,可以得出下表

a	1	2	3	4	5	6
$\mathrm{ord}_7 a$	1	3	6	3	6	2

定理 5.1　设正整数 x 满足(5.1.2),$\mathrm{ord}_n a = d$,则

$$d \mid x. \tag{5.1.4}$$

证明　作带余除法，

$$x = qd + r, \tag{5.1.5}$$

其中 q、r 为整数，并且

$$0 \leqslant r < d. \tag{5.1.6}$$

由 d 的最小性，$x \geqslant d$，所以 $q \geqslant 1$，因为

$$a^r \equiv a^r \cdot a^{qd} = a^{qd+r} = a^x \equiv 1 \pmod{n},$$

所以 r 也满足 (2).

但 $r < d$，由 d 的最小值，必有 $r = 0$，从而

$$x = qd,$$

即 x 被 d 整除.

推论　对于任一个 $\bmod n$ 缩系中的 a，$\varphi(n)$ 被 $\mathrm{ord}_n a$ 整除.

例 1　求 $\mathrm{ord}_{17} 5$.

解　$\varphi(17) = 16$，它的约数只有 $1, 2, 4, 8, 16$. 由推论，$\mathrm{ord}_{17} 5$ 应是这几个数中的某一个，

$$5^1 \equiv 5, \quad 5^2 \equiv 8, \quad 5^4 \equiv 64 \equiv 13,$$

$$5^8 \equiv 169 \equiv -1 \pmod{17},$$

所以

$$5^{16} \equiv 1 \pmod{17},$$

即 $\mathrm{ord}_{17} 5 = 16$.

定义　如果 a 与 n 是互素的正整数，并且

$$\mathrm{ord}_n a = \varphi(n),$$

那么 a 就称为 $\bmod n$ 的原根.

例 2　求:

(1) $\bmod 7$ 的原根.

(2) $\bmod 17$ 的原根.

解　(1) 由前面的表可知 $\bmod 7$ 的原根有两个，即 3 与 5 (而且也只有这两个).

(2) 由例 1，5 是 $\bmod 17$ 的原根.

但 $\bmod 17$ 有没有其他的原根? 有多少个原根? 怎样求出它们?

下面的定理将逐步讨论这些问题.

定理 5.2　设 g 为 mod n 的原根,则

$$g, g^2, g^3, \cdots, g^{\varphi(n)},$$

这 $\varphi(n)$ 个数构成 mod n 的缩系.

证明　如果 $1 \leqslant i \leqslant j \leqslant \varphi(n)$ 满足

$$g^i \equiv g^j (\bmod\ n), \tag{5.1.7}$$

那么,因为 $(g, n) = 1$,所以 $(g^i, n) = 1$. 在 (5.1.7) 的两边同时除以 g^i,得

$$g^{j-i} \equiv 1 (\bmod\ n). \tag{5.1.8}$$

因为 g 是 mod n 的原根,$\mathrm{ord}_n\ g = \varphi(n)$,所以由定理 5.1 得

$$\varphi(n) \mid (j - i), \tag{5.1.9}$$

但 $0 \leqslant j - i < \varphi(n)$,所以 $j - i = 0$,即 $i = j$.

从而 $g, g^2, \cdots, g^{\varphi(n)}$ mod n 互不同余,这 $\varphi(n)$ 个数又均与 n 互质,从而它们构成 mod n 的缩系.

例 3　在 $n = 9$ 时,$\varphi(n) = 6, 2, 2^2 = 4, 2^3 = 8, 2^4 \equiv 7, 2^5 \equiv 5, 2^6 \equiv 1 (\bmod\ 9)$ 这 6 个数 mod 9 互不同余,它们构成 mod 9 的缩系,而 2 是 mod 9 的原根.

定理 5.3　如果 $\mathrm{ord}_n\ a = t, u$ 是正整数,那么

$$\mathrm{ord}_n(a^u) = \frac{t}{(t, u)}. \tag{5.1.10}$$

证明　$(a^u)^{\frac{t}{(t,u)}} = (a^t)^{\frac{u}{(t,u)}} \equiv 1^{\frac{u}{(t,u)}} = 1 (\bmod\ n).$

另一方面,设 $s = \mathrm{ord}_n(a^u)$,则

$$a^{us} \equiv 1 (\bmod\ n), \tag{5.1.11}$$

并且 $s \leqslant \dfrac{t}{(t, u)}$.

因为 $\mathrm{ord}_n a = t$,所以

$$t \mid us,$$

从而

$$\frac{t}{(t, u)} \mid s,$$

$$\frac{t}{(t, u)} \leqslant s.$$

综合上述两个方面,得

$$s = \frac{t}{(t, u)}.$$

特别地,在 a 为原根 g 时,$\mathrm{ord}_n a = \varphi(n)$,所以

$$\mathrm{ord}_n(g^u) = \frac{\mathrm{ord}_n g}{(\mathrm{ord}_n g, u)} = \frac{\varphi(n)}{(\varphi(n), u)}.$$

当且仅当 $(\varphi(n), u) = 1$ 时,上式的值为 $\varphi(n)$,即当且仅当 $(\varphi(n), u) = 1$ 时,g^u 也是原根.

于是有:

定理 5.4 如果 $\mathrm{mod}\ n$ 有原根 g,那么 $\mathrm{mod}\ n$ 有 $\varphi(\varphi(n))$ 个不同的原根,这些原根可以写为 g^u,其中 u 是 $1, 2, \cdots, \varphi(n)$ 中与 $\varphi(n)$ 互质的数.

例 4 2 是 $\mathrm{mod}\ g$ 的原根,$\varphi(9) = 6$,$\varphi(6) = 2$,在 $1 \sim 6$ 中,与 6 互质的数是 $1, 5$.

$$2^1, 2^5 \equiv 5(\mathrm{mod}\ 9).$$

这 2 个数是 $\mathrm{mod}\ 9$ 的原根.

练　习　5.1

1. 如果 $\mathrm{ord}_n a = d$,证明 $a, a^2, a^3, \cdots, a^d \bmod n$ 互不同余.

2. d, n 是自然数,$d \leqslant n$. $f(x) = a_0 x^d + a_1 x^{d-1} + \cdots + a_d$ 是 x 的 d 次整系数多项式 $(a_0 \not\equiv 0(\mathrm{mod}\ n))$,证明同余方程

$$f(x) \equiv 0(\mathrm{mod}\ n)$$

至多有 d 个互不同余的根.

3. 对上述多项式 $f(x)$,$f(x) \equiv 0(\mathrm{mod}\ n)$ 是否一定有根? 如是,请加以证明,如不是,请举出反例.

4. 设 $\mathrm{ord}_n a = d$,证明对于 $1 \leqslant i \leqslant d$,当且仅当 $(i, d) = 1$ 时,$\mathrm{ord}_n a^i = d$.

5. 证明如果 g 是 $\mathrm{mod}\ p^\alpha$ 的原根,这里 p 为奇素数,α 为大于 1 的自然数,那么 g 也是 $\mathrm{mod}\ p^{\alpha-1}$ 的原根.

§5.2　质数模的原根

原根是否一定存在?

可以先看一些例子.

例1　mod 4 时, $\varphi(4)=2$, 因为
$$3^1=3, 3^2\equiv 1 (\mathrm{mod}\ 4),$$
所以 3 是 mod 4 的原根,

mod 5 时, $\varphi(5)=4$, 因为
$$2^1=2, 2^2=4, 2^3\equiv 3, 2^4\equiv 1(\mathrm{mod}\ 5),$$
所以 2 是 mod 5 的原根, 而且 $2^3\equiv 3$ 也是 mod 5 的原根. mod 5 有 $\varphi(\varphi(5))=2$ 个原根.

mod 6 时, $\varphi(6)=2$, 因为
$$5^1=5, 5^2\equiv 1(\mathrm{mod}\ 6),$$
所以 5 是 mod 6 的原根.

mod 7 的原根上节已说过, 即 3 与 5.

mod 8 时, $\varphi(8)=4$.
$$3^2\equiv 5^2\equiv 7^2\equiv 1(\mathrm{mod}\ 8),$$
所以 mod 8 没有原根.

mod 9 的原根是 2 与 5.

mod 10 时, $\varphi(10)=4$, 因为
$$3^2=9, 3^3\equiv 7, 3^4\equiv 1(\mathrm{mod}\ 10),$$
所以 3,7 是原根.

mod 11 时, $\varphi(11)=10$,
$$2^2=4, 2^3=8, 2^4\equiv 5, 2^5\equiv 10, 2^6\equiv 9, 2^7\equiv 7, 2^8\equiv 3, 2^9\equiv 6, 2^{10}\equiv 1,$$
所以 2,8,7,6 是 mod 11 的原根.

mod 12 时, $\varphi(12)=2\times 2=4$,
$$5^2\equiv 1, 7^2\equiv 1, 11^2\equiv 1,$$
所以 mod 12 没有原根.

于是, 我们看到并不是对所有的自然数 n, mod n 均有原根.

定理 5.5　设 p 为质数, 则 mod p 必有原根.

证明　$p=2$ 时, 1 就是原根, 以下设 p 为奇质数.

将 $1,2,\cdots,p-1$ 按照它们 mod p 的阶分类. 阶为 1 的只有一个元素即 1.

设阶为 d 的元素有 $\Psi(d)$ 个,则 $\Psi(1)=1$.

我们要证明 $\Psi(p-1)>0$.

由定理 5.1 的推论,可知 $d \mid (p-1)$.

设 $\mathrm{ord}_p a = d$,则 a 是方程

$$x^d \equiv 1(\mathrm{mod}\ p) \tag{5.2.1}$$

的一个解.

由练习 5.1 第 1 题,可知 $a, a^2, \cdots, a^d \bmod p$ 互不相同.

因为在 $1 \leqslant i \leqslant d$ 时,

$$(a^i)^d = (a^d)^i \equiv 1(\mathrm{mod}\ p),$$

所以 $a, a^2, \cdots, a^d$ 都是(5.2.1)的解.

由练习 5.1 第 2 题,我们知道一个 d 次的同余方程

$$a_0 x^d + a_1 x^{d-1} + \cdots + a_d \equiv 0(\mathrm{mod}\ p) \tag{5.2.2}$$

至多有 d 个解,所以或者方程(5.2.1)没有解,或者它恰好有 d 个解,它们就是 $a, a^2, \cdots a^d(\mathrm{mod}\ p)$.

而其中只有 $(i,d)=1$ 时,才有 $\mathrm{ord}_p(a^i)=d(1 \leqslant i \leqslant d)$,所以

$$\Psi(d) = \begin{cases} 0, \text{若 } x^d \equiv 1(\mathrm{mod}\ p) \text{ 无解}; \\ \varphi(d), \text{若 } x^d \equiv 1(\mathrm{mod}\ p) \text{ 有解}. \end{cases} \tag{5.2.3}$$

根据 $\Psi(d)$ 的定义,我们有

$$\sum_{d \mid n} \Psi(d) = p-1. \tag{5.2.4}$$

但我们有(3.3.4)

$$\sum_{d \mid n} \varphi(d) = p-1, \tag{5.2.5}$$

所以

$$\sum_{d \mid p-1} (\varphi(d) - \Psi(d)) = 0. \tag{5.2.6}$$

但由(5.2.3),上式左边每一项均 $\geqslant 0$,所以必有对一切 d,

$$\varphi(d) = \Psi(d). \tag{5.2.7}$$

特别地,

$$\Psi(p-1) = \varphi(p-1) > 0. \tag{5.2.8}$$

这就证明了原根的存在,而且 $\mod p$ 的原根共 $\varphi(p-1)$ 个,设 g 为 $\mod p$ 的一个原根,则对于 $1 \leqslant i \leqslant p-1$,当且仅当 $(i, p-1)=1$ 时,g^i 也是 $\mod p$ 的原根.

$\mod p$ 的原根存在,但如何去求并无一般的方法,只能通过试验. 当然在熟练后试验的过程有可能缩短.

例 2 求 $\mod 23$ 的原根.

解 先试绝对值最小的 2(1 当然不用考虑),$\mathrm{ord}_{23} 2 \mid 22$ 即 $\mathrm{ord}_{23} 2$ 是 2,11 或 22.

$$2^2 = 4, 2^4 = 16, 2^6 \equiv 4 \times 16 \equiv -5 (\mod 23),$$
$$2^{12} \equiv 25 = 2, 2^{11} \equiv 1 (\mod 23).$$

而原根 g 应满足 $g^{22} \equiv 1 (\mod 23)$,且 22 为最小,现在 $2^{11} \equiv 1 (\mod 23)$,可见 2 是某个 g 的平方.

显然 $2 + 23 = 25 = 5^2$.

$$5^2 \equiv 2, 5^4 \equiv 2^2 = 4,$$
$$5^{11} \equiv 2^5 \times 5 \equiv 4^5 \equiv -1 (\mod 23).$$

$\mathrm{ord}_{23} 5 = 22$,所以 5 是 $\mod 23$ 的原根.

例 3 求 $\mod 41$ 的原根.

解
$$\varphi(41) = 40 = 2^3 \times 5,$$
$$2^2 = 4, 2^5 = 32 \equiv -9 (\mod 41).$$
$$2^{10} \equiv 81 \equiv -1 (\mod 41),$$
$$2^{20} \equiv 1 (\mod 41).$$

所以 2 不是原根,仍然是某个原根 g 的平方.

$$2 + 41 \times 7 = 289 = 17^2,$$
$$17^{20} \equiv 2^{10} \equiv -1 (\mod 41),$$

所以 $\mathrm{ord}_{41} 17 = 40$,17 是 $\mod 41$ 的原根.

当然 $\mod 41$ 还有其他原根,在 $1 \leqslant i \leqslant 40$ 并且 $(i, 40) = 1$ 时,17^i 也是 $\mod 41$ 的原根,共 $\varphi(40) = 2 \times 5 = 10$ 个,见练习 5.2 第 1 题.

进一步,我们证明对于奇质数 p 的幂 p^α(α 为自然数),$\mod p^\alpha$ 有原根.

可设 $\alpha > 1$,由练习 5.1 第 5 题,我们知道 $\mod p^\alpha$ 的原根 g 一定是 $\mod p^{\alpha-1}$

的原根,从而 g 也是 mod p 的原根,因此我们应当在 mod p 的原根中找出一个 mod p^{α} 的原根.

定理 5.6 设 p 为奇质数,α 为大于 1 的自然数,则 mod p^{α} 有原根.

证明 设 g 为 mod p 的原根,则

$$g^{p-1} = 1 + kp. \tag{5.2.9}$$

这里 k 为整数.

如果 $p \mid k$,那么用 $g+p$ 代替 g,而

$$(g+p)^{p-1} = g^{p-1} + (p-1)pg^{p-2} + \cdots$$

省略号里的项都至少被 p^2 整除,所以

$$(g+p)^{p-1} \equiv 1 + (p-1)pg^{p-2} (\bmod p^q).$$

即

$$(g+p)^{p-1} = 1 + kp,$$

其中 $p \nmid k$,

因此不妨假定 (5.2.9) 中的 k 不被 p 整除.

这时,我们可以证明

$$g^{\varphi(p^{\alpha})} = 1 + k_{\alpha}p^{\alpha}, \quad p \nmid k_{\alpha}. \tag{5.2.10}$$

事实上,在 $\alpha=1$ 时即 (5.2.9),假设已有

$$g^{\varphi(p^{\alpha-1})} = 1 + k_{\alpha-1}p^{\alpha-1}, \quad p \nmid k_{\alpha-1}, \tag{5.2.11}$$

那么在 $\alpha \geqslant 2$ 时,

$$\begin{aligned}
g^{\varphi(p^{\alpha})} &= (1 + k_{\alpha-1}p^{\alpha-1})^{p} \\
&\equiv 1 + k_{\alpha-1}p^{\alpha} (\bmod p^{\alpha+1}), \\
(2(\alpha-1)+1 &= \alpha+1+\alpha-2 \geqslant \alpha+1) \\
&= 1 + k_{\alpha}p^{\alpha}, \quad p \nmid k_{\alpha}.
\end{aligned}$$

于是,(5.2.10) 对一切 α 成立.

如果 g 不是 mod p^{α} 的原根,那么有

$$g^{d} \equiv 1 (\bmod p^{\alpha}). \tag{5.2.12}$$

这里 d 是 $\varphi(p^{\alpha})$ 的真因数.

但 g 是 mod p 的原根,(5.2.12) 导出 $g^{d} \equiv 1 (\bmod p)$,所以 $(p-1) \mid d$,d 又为 $\varphi(p^{\alpha}) = p^{\alpha-1}(p-1)$ 的真因数,所以 d 必为 $p^{\alpha-2}(p-1) = \varphi(p^{\alpha-1})$ 的因

子,然而(5.2.11)与(5.2.12)矛盾,这表明 g 一定是 $\bmod p^\alpha$ 的原根.

定理 5.6 证毕.

因为在 p 为奇素数时,$\varphi(2p^\alpha)=\varphi(p^\alpha)$,并且对于奇数 a,

$$a^d \equiv 1 (\bmod p^\alpha)$$

与

$$a^d \equiv 1 (\bmod 2p^\alpha)$$

等价,所以又有:

定理 5.7　设 p 为奇素数,α 为自然数,则 $\bmod 2p^\alpha$ 有原根.

由练习5.2第3、4题,当且仅当 $n=p^\alpha,2p^\alpha,2,4,$($p$ 为奇素数,α 为自然数)时,$\bmod n$ 有原根.

练　习　5.2

1. 求 $\bmod 41$ 的全部原根.

2. 求 $\bmod 43$ 的一个原根.

3. 证明 α 为大于 2 的自然数时,$\bmod 2^\alpha$ 没有原根.

4. 设大于 1 的自然数 a、b 互质,并且 a、b 均为奇数或若 b 为奇数,$a \equiv 2^\alpha$,α 是大于 1 的自然数,证明 $\bmod ab$ 没有原根.

5. 求一个 g,对所有的自然数 $\alpha \geqslant 1$,它是 11^α 的原根.

§5.3　指　数

设 p 为奇素数,g 为 $\bmod p$ 的一个原根,则

$$g, g^2, g^3, \cdots, g^{p-1} (\bmod p) \tag{5.3.1}$$

互不相同,恰好构成 $\bmod p$ 的缩系.

如果 a 在 $\bmod p$ 的缩系中,并且

$$a \equiv g^\delta (\bmod p), \tag{5.3.2}$$

$1 \leqslant \delta \leqslant p-1$,那么 δ 就称为 a 关于底数 g,$\bmod p$ 的指数,简称 a 的指数,记为 ind a.

例如 $p=7$ 时,3 是原根,

$$3, 3^2 \equiv 2, 3^3 \equiv 6, 3^4 \equiv 4, 3^5 \equiv 5, 3^6 \equiv 1 (\bmod\ 7),$$

这时,3,2,6,4,5,1 的指数(以 3 为底数)分别为 1,2,3,4,5,6,或者说 1,2,3,4,5,6(关于底数 3) 的指数分别为 6,2,1,4,5,3.

很多书中附有指数表以供专用,下面就是指数表($3 \leqslant p \leqslant 37$).

p	1	2	3	4	5	6	7	8	9	10	11	12	13	14	15	16	17	18	19	20	21	22	23	24	25	26	27	28	29	30	31	32	33	34	35	36	37	38
3	2	1																																				
5	4	1	3	2																																		
7	6	2	1	4	5	3																																
11	10	1	8	2	4	9	7	3	6	5																												
13	12	1	4	2	9	5	11	3	8	10	7	6																										
17	16	14	1	12	5	15	11	10	2	3	7	13	4	9	6	8																						
19	18	1	13	2	16	14	6	3	8	17	12	15	5	7	11	4	10	9																				
23	22	2	16	4	1	18	19	6	10	3	9	20	14	21	17	8	7	12	15	5	13	11																
29	28	1	5	2	22	6	12	3	10	23	25	7	18	13	27	4	21	11	9	24	17	26	20	8	16	19	15	14										
31	30	24	1	18	20	25	28	12	2	14	23	19	11	22	21	6	7	26	4	8	29	17	27	13	10	5	3	16	9	15								
37	36	1	26	2	23	27	32	3	16	24	30	28	11	33	13	4	7	17	35	25	22	31	15	29	10	12	6	34	21	14	9	5	20					

例如 $p=7$ 时,1,2,3,4,5,6 的指数分别为 6,2,1,4,5,3.

表中指数为 1 的数就是原根,而 1 的指数为 $p-1$.

指数表在解形如

$$x^n \equiv a (\bmod\ m) \tag{5.3.3}$$

的同余方程时极为有用.

例 1　解同余方程

$$x^8 \equiv 41 (\bmod\ 23). \tag{5.3.4}$$

解　由上表得出 5 为原根,而 18 的指数为 12,即 $41 \equiv 18 \equiv 5^{12} (\bmod\ 23)$.

设 x 的指数为 y,则

$$5^{8y} \equiv 5^{12} (\bmod\ 23),$$

从而

$$5^{8y-12} \equiv 1 (\bmod\ 23).$$

因为 5 为原根,所以

$$8y - 12 \equiv 0 (\bmod\ 22),$$

即

$$4y \equiv 6 \pmod{11},$$

$$y \equiv 3 \times 4y \equiv 3 \times 6 \equiv 7 \pmod{11},$$

所以

$$y \equiv 7, 18 \pmod{22}.$$

再由上面的表中找出指数为 7,18 的数,

$$x \equiv 17, 6 \pmod{23}.$$

以上过程可简化如下:

取对数得

$$8y \equiv 12 \pmod{22} \tag{5.3.5}$$

(一般地,对于同余方程 $x^n \equiv a \pmod{p}$,我们有 $ny \equiv \operatorname{ind} a \pmod{p-1}$,其中 $y = \operatorname{ind} x$,这一步称为"取对数").由(5.3.5)得

$$y \equiv 7, 18 \pmod{22},$$

从而

$$x \equiv 17, 6 \pmod{23}.$$

例 2 解同余方程

$$x^6 \equiv 4 \pmod{17}.$$

解 取对数

$$6y \equiv 12 \pmod{16},$$

所以

$$3y \equiv 4 \pmod{8},$$

$$y \equiv 3 \times 4 \equiv 4 \pmod{8},$$

从而

$$y \equiv 4, 12 \pmod{16},$$

$$x \equiv 13, 4 \pmod{17}.$$

例 3 解同余方程

$$3x^4 \equiv 5 \pmod{7}.$$

解 取对数得

$$1 + 4y \equiv 5 \pmod{6},$$

即

$$2y \equiv 2(\mathrm{mod}\ 3),$$
$$y \equiv 1(\mathrm{mod}\ 3),$$

从而

$$y \equiv 1,4(\mathrm{mod}\ 6),$$
$$x \equiv 3,4(\mathrm{mod}\ 7).$$

练　习　5.3

1. 解同余方程.

(1) $3^x \equiv 2(\mathrm{mod}\ 23)$.

(2) $13^x \equiv 5(\mathrm{mod}\ 23)$.

2. 解同余方程.

(1) $3x^5 \equiv 1(\mathrm{mod}\ 23)$.

(2) $3x^{14} \equiv 2(\mathrm{mod}\ 23)$.

3. 解同余方程

$$2^x \equiv x(\mathrm{mod}\ 13).$$

4. 设 g 为奇素数 p 的原根, a 的阶为 d, a 关于 g 的指数为 δ, 证明

$$d(p-1,\delta) = p-1.$$

§5.4　编　码

在古代, 如果甲有一件事需要告诉在另一地的乙, 他可以写一封信寄去. 在路途遥远时, 可能很迟信才到达.

现在有了手机, 发个微信就解决了.

在没有发明手机时, 可以用电报.

电报首先将文字变成数码(数码再转成二进制发出), 例如中国汉字"速返"二字, 标准的代码是

速　　6643

返　　6604

用4位的码可以表示 0000 ~ 9999 这 10^4 = 10000 个汉字. 汉字与数码的对应可以在一本普通的电码本上查到. 当然, 如果需要保密, 那么就得用特别的密码本.

外国文字很多是拼音的, 由字母组成, 编码更为简单. 例如英语有 26 个字母, 可以对应于 00 ~ 25, 即有下表:

字母	A	B	C	D	E	F	G	H	I	J	K	L	M	N	O	P	Q	R	S	T	U	V	W	X	Y	Z
数码	00	01	02	03	04	05	06	07	08	09	10	11	12	13	14	15	16	17	18	19	20	21	22	23	24	25

于是, 一个词 SECRET 就是

$$18 \ 04 \ 03 \ 17 \ 04 \ 19$$

通常四个数码一组

$$1804 \quad 0317 \quad 0419 \qquad (5.4.1)$$

(如果最后没有 4 个数码, 通常补上 2 个数码 23, 即增加一个字母 X).

发出去后, 对方再用上面的表将数码变回字母即可 (数码变成二进制, 再由二进制变回, 可用机器直接完成, 这里从略).

如果需要加密变成密码, 有很多方法.

据说当年恺撒 (Julius Caesar) 的办法是将每个字母的数码 P 换成 $C (0 \leqslant P, C \leqslant 25)$, 而 $C \equiv P + 3 \pmod{26}$.

这样, 上面的 (5.4.1) 就变成

$$2107 \quad 0620 \quad 0722 \qquad (5.4.2)$$

收到的 "词" 是 VHGUHW.

再将每个字母换成前三位的字母, 得到 SECRET.

但这种 "线性的" 密码太容易被破译了, 尤其现在有了电子计算机, 可以迅速地搜索各种可能, 在瞬间得出结果.

现在常用的方法是利用乘方加密.

先说一说乘方的剩余类如何求.

例 1 求 1907^{29} 除以质数 2633, 所得的余数 $r(0 \leqslant r \leqslant 2632)$.

解 若直接乘方, 显然 1907^{29} 是一个很大的数, 再除以 2633 也很麻烦. 较好的算法是先将 29 表成二进制, 即

$$29 = 1 + 4 + 8 + 16 (= (11101)_2).$$

然后陆续算出

$$1907^1 = 1907,$$

$$1907^2 = 476 + 1381 \times 2633 \equiv 476 (\bmod\ 2633),$$

$$476^2 = 138 + 86 \times 2633 \equiv 138 (\bmod\ 2633),$$

$$138^2 = 613 + 7 \times 2633 \equiv 613 (\bmod\ 2633),$$

$$613^2 = 1883 + 142 \times 2633 \equiv 1883 (\bmod\ 2633).$$

从而

$$1907^{29} = 1907 \times 1907^4 \times 1907^8 \times 1907^{16}$$
$$\equiv 1907 \times 138 \times 613 \times 1883$$
$$\equiv 2499 \times 613 \times 1883$$
$$\equiv 2114 \times 1883$$
$$\equiv 2199 (\bmod\ 2633).$$

即

$$1907^{29} \equiv 2199 (\bmod\ 2633).$$

用乘方加密时,先选定一个素数 p 为模,例如 $p = 2633$,再取一个与 $p-1 = 2632$ 互质的数 e 作为幂指数,例如 $e = 29$,这时,一段话

THIS IS AN EXAMPLE

先译为数码(四个一组)

1907	0818	0818	0013	①
0423	0012	1511	0423	

(最后添上字母 X,即数码 23,补足四位)

将每个四位的数码 P 变为 C,$C \equiv P^{29} (\bmod\ 2633)$.

例如

$$2199 \equiv 1907^{29} (\bmod\ 2633).$$

类似地得到其他数码 P 变成的 C,即 ① 变成

2199	1745	1745	1206	
2437	2425	1729	2437	②

为了将 ① 解密,需要找一个整数 d,满足

$$de \equiv 1(\mathrm{mod}\ p-1), 0 \leqslant d < 2632.$$

对于 $p=2633, e=29, d$ 满足 $29d \equiv 1(\mathrm{mod}\ 2632)$,解出(参见练习 5.4 第 2 题)

$$d = 2269.$$

于是,对(2)中每一个四元组 C,

$$C^d \equiv (P^e)^d \equiv P^{ed} \equiv P(\mathrm{mod}\ 2633).$$

上述计算稍繁,但用手机上的科学计算器即可完成(如练习 5.4 第 3 题).对于通常使用的高速电子计算机只是瞬间的事.

上面的方法,加密的一方需要知道加密的密钥 e 及素数 p(往往是很大的素数),而解密的一方需要知道解密的密钥 d 及素数 p. 当然,如果解密的一方知道 e 与 p,也能用上面的方法算出 d,从而解码. 但如果 e,p(或 d,p)只知其一,那是很难破解的,尤其在 p 很大时,连机器也为之束手.

Rivest,Shamir 与 Adleman 进一步发明了公开密钥体系. 他们用两个不同的大素数 p,q 的积 $n=pq$ 作为模,代替上面的素数 p,密钥 $e(0<e<\varphi(n))$,则与 $\varphi(n)=(p-1)(q-1)$ 互素.

同样的,对于任一四位的块 P,令

$$C \equiv P^e(\mathrm{mod}\ n), 0 < C < n.$$

而解密的密钥 d 满足

$$de \equiv 1(\mathrm{mod}\ p(n)).$$

这时,

$$C^d \equiv P^{de} \equiv P(\mathrm{mod}\ n).$$

例如 PUBLIC　KEY 先译为数码

1520　0111　0802　1004　2423

(每四位一组,最后用 23 补足)

取 $n=43 \times 59=2537$(实际上采用远远大于这两个数的素数,这里为了说明方法,所取的素数 43、59 比较小),$e=13$,由

$$C \equiv P^{13}(\mathrm{mod}\ 2537)$$

发出的数码为

0095　1648　1410　1299　1084

而解密的密钥 d 满足 $0 < d < 42 \times 58$ 及

$$13d \equiv 1 (\text{mod } 42 \times 58).$$

解出 $d = 937$（练习 5.4 第 5 题）.

有了 n 及 d 即可解密.

注意现在可以将 n、e 均公开,在 n 为很大的合数(两个大素数 p,q 的积)时,分解 n 是一件极困难的事. 用那时的计算机计算,如果 n 的位数为 75,需要 104 天. n 的位数为 100,需要 74 年. n 的位数为 300,则需要 4.9×10^{13} 世纪.

所以可以放心大胆地将 n 与 e 公开,不怕敌方破解,"公开密钥"就由此得名.

练　习　5.4

1. 求 423^{29} 除以 2633 所得余数 $r, 0 \leqslant r < 2633$.

2. 求满足

$$29d \equiv 1 (\text{mod } 2632)$$

的整数 $d, 0 \leqslant d < 2632$.

3. 已知 $2437^{2269} \equiv r (\text{mod } 2633), 0 \leqslant r < 2633$,求 r.

4. 已知 $2423^{13} \equiv r (\text{mod } 2537), 0 \leqslant r < 2537$,求 r.

5. 求满足 $13d \equiv 1 (\text{mod } 2436)$ 的整数 $d, 0 < d < 2436$.

6. $n = pg = 4386607, \varphi(n) = 4382136$,求素数 p、q.

第 6 章　　连 分 数

§6.1　　连分数及其渐近分数

定义 6.1　设 x_0 为整数，$x_1, x_2, \cdots, x_m$ 为 m 个正整数，称

$$x_0 + \cfrac{1}{x_1 + \cfrac{1}{x_2 + \cfrac{1}{x_3 + \cfrac{1}{x_4 + \cfrac{\ddots}{x_{m-1} + \cfrac{1}{x_m}}}}}}$$

为有限连分数，记作 $\langle x_0, x_1, \cdots, x_m \rangle$. 若 $m \to \infty$，则称为无限连分数，记作 $\langle x_0,$ $x_1, x_2, \cdots \rangle$. 通称连分数. 容易计算：

$$\langle x_0 \rangle = \frac{x_0}{1},$$

$$\langle x_0, x_1 \rangle = \frac{x_0 x_1 + 1}{x_1},$$

$$\langle x_0, x_1, x_2 \rangle = \frac{x_2 x_1 x_0 + x_2 + x_0}{x_2 x_1 + 1}.$$

但继续往下计算，就越来越麻烦了，例如，

$$13 \text{个} 1 \left\{ 1 + \cfrac{1}{1 + \cfrac{1}{1 + \cfrac{1}{1 + \cfrac{\ddots}{1 + \cfrac{1}{1}}}}} = ? \right.$$

为此,我们应当研究连分数的性质.

设

$$\frac{p_n}{q_n} = \langle x_0, x_1, \cdots, x_n \rangle, 0 \leqslant n \leqslant m,$$

其中 p_n 和 q_n 是互质的整数且 $q_n \geqslant 1.\dfrac{p_n}{q_n}$ 称为连分数 $\langle x_0, x_1 \cdots, x_m \rangle$ 的第 n 个渐近分数.我们要建立 p_n 与 q_n 的递推公式.

先考虑更一般的情况,即 $x_0, x_1, \cdots, x_n$ 是变量,而 p_n, q_n 是这些变量的多项式,对每一个变量都是一次的,并且最高次 $(n+1$ 次$)$ 项的系数为 1.我们有:

性质 6.1 下列递推关系成立:

$$p_0 = x_0, p_1 = x_1 x_0 + 1, p_n = x_n p_{n-1} + p_{n-2}, 2 \leqslant n \leqslant m, \tag{6.1.1}$$
$$q_0 = 1, q_1 = x_1, q_n = x_n q_{n-1} + q_{n-2}, 2 \leqslant n \leqslant m.$$

证明 当 $n = 0, 1, 2$ 时,可直接计算得出.

现在假定对于 $n-1$ 性质 6.1 成立,即

$$\langle x_0, x_1, \cdots, x_{n-1} \rangle = \frac{p_{n-1}}{q_{n-1}} = \frac{x_{n-1} p_{n-2} + p_{n-3}}{x_{n-1} q_{n-2} + q_{n-3}},$$

则有

$$\frac{p_n}{q_n} = \langle x_0, x_1, \cdots, x_{n-1}, x_n \rangle = \langle x_0, x_1, \cdots, x_{n-1} + \frac{1}{x_n} \rangle$$

$$= \frac{(x_{n-1} + \frac{1}{x_n}) p_{n-2} + p_{n-3}}{(x_{n-1} + \frac{1}{x_n}) q_{n-2} + q_{n-3}}$$

$$= \frac{x_n (x_{n-1} p_{n-2} + p_{n-3}) + p_{n-2}}{x_n (x_{n-1} q_{n-2} + q_{n-3}) + q_{n-2}}$$

$$= \frac{x_n p_{n-1} + p_{n-2}}{x_n q_{n-1} + q_{n-2}}.$$

这表明对于 n 性质 6.1 也成立.证毕.

性质 6.2 对于 $n \geqslant 1$,有

$$q_n p_{n-1} - p_n q_{n-1} = (-1)^n. \tag{6.1.2}$$

证明 由于 $q_1 p_0 - p_1 q_0 = x_1 x_0 - (x_1 x_0 + 1) = (-1)^1$,所以对于 $n = 1$,

(6.1.2) 式成立.

现在假定对于 $n-1$,(6.1.2) 式成立,则我们有

$$q_n p_{n-1} - p_n q_{n-1} = (x_n q_{n-1} + q_{n-2}) p_{n-1} - (x_n p_{n-1} + p_{n-2}) q_{n-1}$$
$$= -(q_{n-1} p_{n-2} - p_{n-1} q_{n-2}) = -(-1)^{n-1}$$
$$= (-1)^n.$$

故对于 n,(6.1.2) 式成立.证毕.

在 x_0 为整数,$x_1,x_2,\cdots,x_m$ 为自然数时,p_n,q_n 也都是整数且 $q_n \geqslant 1$. 并且由(6.1.2) 立即得出 p_n,q_n 互质,所以由递推关系(6.1.1)给出的 p_n,q_n 就是第 n 个渐近分数的分子与分母.

例1 计算:

$$13 \text{ 个 } 1 \left\{ 1 + \cfrac{1}{1 + \cfrac{1}{1 + \cfrac{\ddots}{1 + \cfrac{1}{1}}}} \right. .$$

解 设 $\dfrac{p_n}{q_n}$ 为第 n 个渐近分数,则有下表:

n	0	1	2	3	4	5	6	7	8	9	10	11	12
p	1	2	3	5	8	13	21	34	55	89	144	233	377
q	1	1	2	3	5	8	13	21	34	55	89	144	233

计算方法是先填好前两列,然后将第二(三)行的每个数乘以 1,再与前一个数相加,便产生后一个数.如 $p_6 = p_5 \times 1 + p_4 = 13 \times 1 + 8 = 21$. p_n 形成的数列

$$1,\ 2,\ 3,\ 5,\ 8,\ 13,\ \cdots$$

满足递推关系 $p_n = p_{n-1} + p_{n-2}$,通常称为斐波那契(Fibonacci)数.

在上面的表中,$q_n = p_{n-1}(n = 1,2,3,\cdots)$.

因为 $p_{12} = 377,q_{12} = 233$,所以

$$\text{原式} = \frac{p_{12}}{q_{12}} = \frac{377}{233}.$$

例 2 计算:

$$3+\cfrac{1}{7+\cfrac{1}{15+\cfrac{1}{1+\cfrac{1}{292+\cfrac{1}{1+\cfrac{1}{1}}}}}}.$$

解 列表如下:

n	0	1	2	3	4	5	6
x_n	3	7	15	1	292	1	1
p_n	3	22	333	355	103993	104348	208341
q_n	1	7	106	113	33102	33215	66317

从第二个数起,第三(四)行的每个数乘以后一列的 x_n,再与前一个数相加,便产生后一个数.如

$$p_4=292\times355+333=103993.$$

$$原式=\frac{p_6}{q_6}=\frac{208341}{66317}.$$

§6.2 有限连分数与有理数

定理 6.1 (1) 有限连分数表示一个有理数.

(2) 任意有理数 α,均可展成有限连分数.

证明 (1) 显然.为证明(2),不失一般性,可以假定 $\alpha=\dfrac{u}{v}$,$v>0$,$(u,v)=1$.

对 v 用数学归纳法.

当 $v=1$ 时,$\alpha=\langle u\rangle$.

设 $v>1$ 并且分母小于 v 的有理数都能表成连分数.对于分母为 v 的有理数 $\alpha=\dfrac{u}{v}$,$(u,v)=1$,由带余除法,

$$u = qv + r, 0 \leqslant r < v.$$

因为 $(u,v)=1$，所以 $r>0$，且

$$\alpha = q + \frac{r}{v} = q + \frac{1}{\dfrac{v}{r}}.$$

根据归纳假设，$\dfrac{v}{r}$ 可以展成连分数，设

$$\frac{v}{r} = \langle a_1, a_2, \cdots, a_m \rangle,$$

则 α 可以展成连分数，并且

$$\alpha = \langle q, a_1, a_2, \cdots, a_m \rangle.$$

证毕.

这个定理还给出了将 α 展成连分数的方法，即反复使用带余除法.

例 1　求 $\dfrac{67}{29}$ 的连分数展开.

解　$\dfrac{67}{29} = 2 + \dfrac{9}{29} = 2 + \dfrac{1}{\dfrac{29}{9}} = 2 + \dfrac{1}{3 + \dfrac{2}{9}}$

$$= 2 + \cfrac{1}{3 + \cfrac{1}{\dfrac{9}{2}}} = 2 + \cfrac{1}{3 + \cfrac{1}{4 + \dfrac{1}{2}}}$$

$$= \langle 2, 3, 4, 2 \rangle.$$

例 2　求 $\dfrac{140}{39}$ 的连分数展开及各个渐近分数.

解　$\dfrac{140}{39} = 3 + \dfrac{23}{39} = 3 + \dfrac{1}{\dfrac{39}{23}} = 3 + \cfrac{1}{1 + \dfrac{16}{23}}$

$$= 3 + \cfrac{1}{1 + \cfrac{1}{\dfrac{23}{16}}} = 3 + \cfrac{1}{1 + \cfrac{1}{1 + \dfrac{7}{16}}}$$

$$=3+\cfrac{1}{1+\cfrac{1}{1+\cfrac{1}{\frac{16}{7}}}}=3+\cfrac{1}{1+\cfrac{1}{1+\cfrac{1}{2+\frac{2}{7}}}}$$

$$=3+\cfrac{1}{1+\cfrac{1}{1+\cfrac{1}{2+\cfrac{1}{\frac{7}{2}}}}}$$

$$=3+\cfrac{1}{1+\cfrac{1}{1+\cfrac{1}{2+\cfrac{1}{3+\frac{1}{2}}}}}$$

$$=\langle 3,1,1,2,3,2\rangle.$$

由性质 6.1,我们列表来求 p_n, q_n 以及渐近分数 $\dfrac{p_n}{q_n}$.

n	0	1	2	3	4	5
x_n	3	1	1	2	3	2
p_n	3	4	7	18	61	140
q_n	1	1	2	5	17	39
$\dfrac{p_n}{q_n}$	$\dfrac{3}{1}$	$\dfrac{4}{1}$	$\dfrac{7}{2}$	$\dfrac{18}{5}$	$\dfrac{61}{17}$	$\dfrac{140}{39}$

练 习 6.2

1. 计算：

(1) $2+\cfrac{1}{6+\cfrac{1}{10+\cfrac{1}{14+\cfrac{1}{18+\frac{1}{22}}}}}$;

(2) $1+\cfrac{1}{4+\cfrac{1}{2+\cfrac{1}{8+\cfrac{1}{5+\frac{1}{7}}}}}$;

(3) $\langle 1,2,3,4,5,6,\rangle$；   (4) $\langle 2,1,2,1,1,4\rangle$.

2. 把下列分数展成连分数：

(1) $\dfrac{121}{21}$；   (2) $\dfrac{173}{55}$；   (3) $\dfrac{290}{81}$；   (4) $\dfrac{126}{23}$.

3. 求下列分数的各个渐近分数：

(1) $\dfrac{205}{93}$；   (2) $\dfrac{2065}{902}$.

4. 设$\langle x_0,x_1,x_2,\cdots\rangle$是无限连分数，$\dfrac{p_n}{q_n}$是它的第 n 个渐近分数.证明：

(1) $q_n > n-1, n \geqslant 0$；

(2) $q_{n+1}p_{n-1}-p_{n+1}q_{n-1}=(-1)^n x_{n+1}, n \geqslant 1$.

§6.3   无限连分数与无理数

定理 6.2   对于无限连分数$\langle x_0,x_1,x_2,\cdots\rangle$,设$\dfrac{p_n}{q_n}$ 为其第 n 个渐近分数,

则 $\lim\limits_{n\to+\infty}\dfrac{p_n}{q_n}$ 存在且为一无理数.

证明   对于无限连分数$\langle x_0,x_1,x_2,\cdots\rangle$,在 $n\geqslant 1$ 时,由性质 6.2 有

$$\frac{p_{n-1}}{q_{n-1}}-\frac{p_n}{q_n}=\frac{(-1)^n}{q_{n-1}q_n},$$

和

$$\frac{p_n}{q_n}-\frac{p_{n+1}}{q_{n+1}}=\frac{(-1)^{n+1}}{q_n q_{n+1}}. \tag{6.3.1}$$

所以

$$\frac{p_{n-1}}{q_{n-1}}-\frac{p_{n+1}}{q_{n+1}}=\frac{(-1)^n}{q_n}\left(\frac{1}{q_{n-1}}-\frac{1}{q_{n+1}}\right).$$

因为 q_n 递增,所以

$$\frac{1}{q_{n-1}}-\frac{1}{q_{n+1}}>0.$$

当 n 为偶数时,

$$\frac{p_{n-1}}{q_{n-1}} > \frac{p_{n+1}}{q_{n+1}},$$

而当 n 为奇数时

$$\frac{p_{n-1}}{q_{n-1}} < \frac{p_{n+1}}{q_{n+1}}.$$

因此得到区间套

$$\left[\frac{p_0}{q_0}, \frac{p_1}{q_1}\right] \supseteq \left[\frac{p_2}{q_2}, \frac{p_3}{q_3}\right] \supseteq \cdots \supseteq \left[\frac{p_{2k}}{q_{2k}}, \frac{p_{2k+1}}{q_{2k+1}}\right] \supseteq \cdots$$

因为 $\lim\limits_{n \to +\infty} q_n = +\infty$, 所以区间的长 $\left|\dfrac{(-1)^n}{q_{n-1}q_n}\right| \to 0$. 从而 $\lim\limits_{n \to +\infty} \dfrac{p_n}{q_n}$ 存在.

令 $\theta = \lim\limits_{n \to +\infty} \dfrac{p_n}{q_n}$, 因为 θ 位于 $\dfrac{p_{n+1}}{q_{n+1}}$ 和 $\dfrac{p_n}{q_n}$ 之间, 所以由 (6.3.1) 得到

$$\left|\theta - \frac{p_n}{q_n}\right| < \frac{1}{q_n q_{n+1}} < \frac{1}{q_n^2}, \quad (p_n, q_n) = 1. \tag{6.3.2}$$

如果 θ 是有理数, 假设 $\theta = \dfrac{a}{b}$, $(a, b) = 1$ 且 $b > 0$. 取渐近分数 $\dfrac{p_n}{q_n}$, $q_n > b$,

则 $\dfrac{p_n}{q_n} \neq \dfrac{a}{b}$, 从而 $bp_n - aq_n \neq 0$,

$$\frac{1}{q_n^2} > \left|\frac{a}{b} - \frac{p_n}{q_n}\right| = \left|\frac{aq_n - bp_n}{bq_n}\right| \geqslant \frac{1}{bq_n}.$$

由此推出 $q_n < b$, 矛盾. 所以 θ 是无理数. 证毕.

无限连分数的值就是它的渐近分数的极限, 这个极限一定是无理数. 由

(6.3.2) 式可知, 这个无理数 θ 的每个渐近分数 $\dfrac{p_n}{q_n}$ 都满足不等式

$$\left|\theta - \frac{p_n}{q_n}\right| < \frac{1}{q_n^2}.$$

例 1 求 $\langle 1, 1, 1, 1, \cdots \rangle$ 的值.

解 设这值为 θ, 因为

$$\theta = \langle 1, 1, 1, 1, \cdots \rangle$$

$$= 1 + \cfrac{1}{1 + \cfrac{1}{1 + \cfrac{1}{\ddots}}}$$

$$=1+\frac{1}{\theta},$$

所以 $\theta^2-\theta-1=0$, 得 $\theta=\frac{1\pm\sqrt5}{2}$. 由于 $\theta>1$, 于是 $\theta=\frac{1+\sqrt5}{2}$.

例 2 求 $\langle-1,3,1,2,4,1,2,4,1,2,4,\cdots\rangle$ 的值.

解 先求 $\langle1,2,4,1,2,4,1,2,4,\cdots\rangle$ 的值, 设它为 θ'. 因为

$$\theta'=\langle1,2,4,1,2,4,1,2,4,\cdots\rangle$$

$$=\langle1,2,4,\theta'\rangle$$

$$=1+\cfrac{1}{2+\cfrac{1}{4+\cfrac{1}{\theta'}}}=1+\cfrac{1}{2+\cfrac{\theta'}{4\theta'+1}}$$

$$=1+\frac{4\theta'+1}{8\theta'+2+\theta'}=\frac{9\theta'+2+4\theta'+1}{9\theta'+2}$$

$$=\frac{130\theta'+3}{90\theta'+2}.$$

所以

$$9(\theta')^2-11\theta'-3=0,$$

得

$$\theta'=\left(\frac{11+\sqrt{229}}{18}\right)\ (舍去负值).$$

设原来要求的值为 θ, 则

$$\theta=\langle-1,3,\theta'\rangle=-1+\cfrac{1}{3+\cfrac{1}{\theta'}}$$

$$=-1+\cfrac{1}{3+\cfrac{1}{\cfrac{11+\sqrt{229}}{18}}}$$

$$=\frac{\sqrt{229}-37}{6}.$$

反过来, 每个无理数都可以展成连分数.

我们用例子来说明这一点.

例 3 求 $\sqrt{8}$ 的无限连分数展开式.

解 $\sqrt{8} = 2 + \sqrt{8} - 2$

$$= 2 + \cfrac{1}{\cfrac{\sqrt{8}+2}{4}} = \left\langle 2, \frac{\sqrt{8}+2}{4} \right\rangle$$

$$= 2 + \cfrac{1}{1 + \cfrac{\sqrt{8}-2}{4}} = 2 + \cfrac{1}{1 + \cfrac{1}{\sqrt{8}+2}}$$

$$= 2 + \cfrac{1}{1 + \cfrac{1}{4 + \sqrt{8} - 2}}$$

$$= 2 + \cfrac{1}{1 + \cfrac{1}{4 + \cfrac{1}{\cfrac{\sqrt{8}+2}{4}}}}$$

$$= \left\langle 2, 1, 4, \frac{\sqrt{8}+2}{4} \right\rangle$$

$$= \langle 2, 1, 4, 1, 4, 1, 4, \cdots \rangle.$$

$\sqrt{8}$ 的连分数展式

$$\langle a_0, a_1, a_2, \cdots \rangle$$

中 $a_{n+2} = a_n (n = 1, 2, \cdots)$.

一般地,如果对于连分数 $\langle a_0, a_1, a_2, \cdots \rangle$,有一个固定的自然数 m,当 $n \geqslant k$ 时,有 $a_{n+m} = a_n$,那么这个连分数就称为循环连分数. $\sqrt{8}$ 的连分数展开式是循环连分数$(m = 2, k = 1)$.

可以证明:"当且仅当 α 是二次无理数(即整系数二次方程 $ax^2 + bx + c = 0$ 的无理根)时,它的连分数展开式是循环连分数."这个结论称为拉格朗日(Lagrange)定理.

例 4 $\pi = 3.14159\cdots$ 的连分数展开式是

$$\pi = \langle 3, 7, 15, 1, 292, 1, 1, \cdots \rangle.$$

试计算前 6 个渐近分数.这些渐近分数给出了 π 的越来越好的近似值.

解 渐近分数表如下:

n	0	1	2	3	4	5
x_n	3	7	15	1	292	1
p_n	3	22	333	355	103993	104348
q_n	1	7	106	113	33102	33215
$\dfrac{p_n}{q_n}$	$\dfrac{3}{1}$	$\dfrac{22}{7}$	$\dfrac{333}{106}$	$\dfrac{355}{113}$	$\dfrac{103993}{33102}$	$\dfrac{104348}{33215}$

注 我国古代数学家何承天(370—447)发明可以用 $\dfrac{22}{7}(=3.14285\cdots)$ 表示圆周率 π 的近似值,称为疏率.祖冲之(429—500)发明可以用 $\dfrac{355}{113}(=3.141592\cdots)$ 作为圆周率 π 的近似值,称为密率.这两个分数刚好是 π 的第二和第四渐近分数.

*§6.4　最佳逼近

定义 6.2 设 θ 为无理数,p,q 为整数,$q>0$.如果对于所有适合 $0<q'\leqslant q$ 的整数 q' 及任意整数 p' 有

$$\left|\theta-\frac{p}{q}\right|<\left|\theta-\frac{p'}{q'}\right|,$$

则称 $\dfrac{p}{q}$ 为 θ 的最佳逼近.即在分母不大于 q 的一切有理数中,$\dfrac{p}{q}$ 是最接近 θ 的一个有理数,则称 $\dfrac{p}{q}$ 为 θ 的最佳逼近.

定理 6.3(最佳逼近定理)　设 θ 为无理数,则 θ 的渐近分数是 θ 的最佳逼近.这就是说,对于 $n\geqslant 1$,如果 $0<q\leqslant q_n$,且 $\dfrac{p}{q}\neq\dfrac{p_n}{q_n}$,则

---

* 表示较难,供选用.

$$\left| \theta - \frac{p_n}{q_n} \right| < \left| \theta - \frac{p}{q} \right|.$$

证明 （拉格朗日,1770）过程较长,从略.

定理 6.3 说明了连分数的重要性.例如密率 $\frac{355}{113}$ 就是分母 $\leqslant 113$ 的分数中,与 π 最接近的分数.我国古代数学家祖冲之在1500多年前能发现用这个分数做 π 的近似值,是一件很了不起的事情.

练　习　6.4

1. 计算:

(1) $\langle 1,2,1,1,2,1,1,2,1,\cdots \rangle$;

(2) $\langle 6,3,6,3,6,3,\cdots \rangle$;

(3) $\langle 5,1,2,1,10,1,2,1,10,1,2,1,10,\cdots \rangle$;

(4) $\langle 3,1,2,1,6,1,2,1,6,1,2,1,6,\cdots \rangle$.

2. 求下列无理数的连分数展开:

(1) $\sqrt{7}$;　(2) $\sqrt{28}$;　(3) $\frac{8+\sqrt{37}}{9}$;　(4) $\frac{24-\sqrt{15}}{17}$.

3. 求下列无理数的连分数展开并求前 6 个渐近分数:

(1) $\sqrt{19}$;　　　(2) $\frac{25+\sqrt{53}}{22}$.

4. $e = 2.71828182845\cdots$ 的连分数展开式为:

$$e = \langle 2,1,2,1,1,4,1,1,6,1,1,8,\cdots \rangle.$$

求 e 的前 7 个渐近分数.

思　考　题

1. 证明:5 个连续正整数的乘积不是平方数.

2. $1999 \pm 1998 \pm 1997 \pm \cdots \pm 2 \pm 1$ 这个算式中"+"号或"−"号可以任意选取,问最后的

结果能否为(1) 5;(2) 4? 如果能,请写出一个能得出所述结果的算式;如果不能,请说明理由.

3. 在 3×3 的正方形中放围棋子,每次可以在同一行或同一列的 3 个小方格中各放 1 枚棋子(黑子或白子均可).如果某个小格子中既有黑子又有白子,那么将同样数量的两种棋子取去("对消").进行若干次后,发现恰有 x 个小方格中各有 1 枚黑子,其余的方格中没有棋子.求 x 可以取的值.

4. 证明:从 $1,2,\cdots,2n$ 中任意取出 $n+1$ 个数,其中必有两个数互质.

5. $n>3$,在黑板上写有 $n-1$ 个数:$2,3,\cdots,n$.甲、乙二人轮流在黑板上擦去一个数.如果最后剩下的两个数互质,则甲胜,否则乙胜.问:(1) 在 n 为何值时,甲可必胜;(2) 在 n 为何值时,乙可必胜.必胜的策略是什么?

6. 已知 $a,b,c,d\in\mathbf{Z}$,并且方程组

$$\begin{cases} ax+by=m, \\ cx+dy=n. \end{cases}$$

对于任意的 $m,n\in\mathbf{Z}$,都有解 $x,y\in\mathbf{Z}$.证明:

$$ad-bc=\pm1.$$

7. 设平行四边形 $ABCD$ 的顶点都是整点,并且内部及边上没有其他的整点.证明:这四边形面积为 1.

8. 在三维空间中,一个三角形的顶点为整点,内部及边上没有其他的整点.问这个三角形的面积可取哪些值?

9. A,B 轮流从 1989 根火柴中取走 1 根或质数根,A 先取.如果取最后一根为赢.问 A 与 B 谁有利,他应当采取怎样的策略?

10. 设 $p\geqslant2$,证明:当且仅当对于 $k=1,2,\cdots,p-1$ 均有 $p\mid C_p^k$ 时,p 为质数.

11. 设 $p\geqslant2$,证明:当且仅当对于 $k=1,2,\cdots,p-1$ 均有 $C_{p-1}^k\equiv(-1)^k\pmod{p}$ 时,p 为质数.

12. 设 $x\geqslant0$,证明:$\left[\sqrt{\left[\sqrt{x}\right]}\right]=\left[\sqrt{\sqrt{x}}\right]$.

13. 设 $G(0)=0,G(n)=n-G(G(n-1)),n=1,2,3,\cdots$.试求出 $G(n)$ 的通项公式.

14. 设 $\alpha=\dfrac{\sqrt5+1}{2},\beta=\dfrac{\sqrt5+3}{2}$.证明:对于 $n\in\mathbf{N}$,有

$$\left[\alpha\left[\beta n\right]\right]=\left[\alpha n\right]+\left[\beta n\right].$$

15. 化简 $S_n = [\sqrt{1}] + [\sqrt{2}] + [\sqrt{3}] + \cdots + [\sqrt{n^2-1}]$.

16. 设 $a, b, x_0 \in \mathbf{N}^+$，且 $x_n = ax_{n-1} + b$，$n = 1, 2, \cdots$．证明：并非所有的 x_n 都是质数．

17. 证明：$\displaystyle\sum_{k=1}^{m} \sigma(k) = \sum_{n=1}^{m} n\left[\frac{m}{n}\right]$.

18. 证明：$\displaystyle\sum_{d=1}^{n} \varphi(d)\left[\frac{n}{d}\right] = \frac{n(n+1)}{2}$.

19. 证明：费马数 $F_m = 2^{2^m} + 1 (m = 0, 1, 2, \cdots)$ 两两互质．

20. 设 $a, b, s \in \mathbf{N}^+$，证明：

$$(s^a - 1, s^b - 1) = s^{(a,b)} - 1.$$

21. 若 p、q 为质数，并且 $p \pm 2$，$q \mid (2^p - 1)$，则 q 必为 $2kp + 1$ 的形式．

22. 设 $n^2 \leqslant a < b < c < d \leqslant (n+1)^2$，证明：$ad \neq bc$.

23. 求一个各项为整数的无穷数列，其中任意三项不成等差数列．

24. 从 $1 \sim 1000$ 这 1000 个数中选出一个子集，其中任意两个数都不互质．问这个子集的元数最多是多少？

25. 已知 $S = \{m^2 + n^2 \mid m \in \mathbf{Z}, n \in \mathbf{Z}\}$，若 $s \in S, t \in S$．证明在 $t \neq 0$ 时，$\dfrac{s}{t}$ 可表示成两个有理数的平方和．

26. 斐波那契数 $1, 1, 2, 3, 5, 8, 13, 21, \cdots$ 的递推公式是 $f_{n+1} = f_n + f_{n-1} (n = 2, 3, \cdots)$．如果正整数 a 整除其中的某一项，证明 a 必整除数列中无穷多项．

27. 每一个整系数多项式 $f(n)$，不可能对每个 $n \in \mathbf{N}$ 都表示质数．

答案与提示

第 1 章　数的整除性

练习 1.1

1. n^3 与 n 的奇偶性相同,所以四个数的立方和与四个数的和,奇偶性相同.因为 1989 是奇数,所以和为 1989 的四个数的立方和也是奇数.

2. $(x-y)(x+y)$ 若是偶数,则必是 4 的倍数,而 1990 不是 4 的倍数.所以结论成立.

3. 握手的总数应当是整数,而 $\dfrac{17\times 3}{2}$ 不是整数.

4. 利用反证法.如果每个点都是两次同染红或两次同染蓝,那么染红色的次数就是偶数,不等于 1999,矛盾.

5. n 为奇数时,不能把全部亮着的灯关上;n 为偶数,把 n 盏灯编序为 $1,2,3,\cdots,n$.仅需如下操作:

第 1 次：1 号灯不动,拉动其余开关;

第 2 次：2 号灯不动,拉动其余开关;

......

第 n 次：n 号灯不动,拉动其余开关.

6. 握手总数是偶数,所以握手奇数次的人,他们握手次数的和是偶数.因此一定是偶数个奇数的和.即握手奇数次的人数是偶数.

7. 将盘子所在列的各个位置交错地记为 $+1$ 与 -1.考虑这 6 个数的积.开始 6 个数的积为 $(-1)^3=-1$.无论操作多少次,积仍为 -1.所以 6 只盘子不可能堆在一起(这时 6 个数的积为 $(+1)^6$ 或 $(-1)^6$,即 1).

8. 每一个 $a_i a_{i+1} a_{i+2} a_{i+3}$ 只能取 $+1$ 或 -1,而这 n 个数的和等于零,故取 $+1$ 和 -1 的个数是相等的,所以 n 必是偶数,设 $n=2m$.

又这 n 个数的乘积为 $(a_1 a_2 \cdots a_n)^4=1$,于是这 n 个数中取 -1 的个数(m 个)也一定是

偶数,即 $m = 2k$,从而 n 是 4 的倍数.

9. 设 $1,2,\cdots,n$ 分别等于 $2^{\lambda_i} \cdot l_i, \lambda_i \geqslant 0, l_i$ 是奇数,$i = 1,2,\cdots,n$,则至少有一个 $\lambda_i > 0$. 设 λ 是 $\lambda_1,\lambda_2,\cdots,\lambda_n$ 中最大的数.可以证明:在 $\lambda_1,\lambda_2,\cdots,\lambda_n$ 中只有一个与 λ 相等.否则设 $1 \leqslant k < j \leqslant n, \lambda_k = \lambda_j = \lambda, k = 2^{\lambda_k} \cdot l_k, j = 2^{\lambda_j} l_j$.因为 $k < j$,所以 $l_k < l_j$.从而有偶数 h 在 l_k 与 l_j 之间,故在 k 和 j 之间有 $2^\lambda \cdot h$,而 $h = 2m, 2^\lambda h = 2^{\lambda+1} \cdot m$,这与 λ 最大矛盾.

令 $A = 2^{\lambda-1} l$,其中 $l = l_1 l_2 \cdots l_n$,就有
$$AM = \frac{L}{2} + N,$$

其中 $\dfrac{L}{2} = \dfrac{A}{2^\lambda l_0}, l_0$ 是奇数,是 $l_1, l_2, \cdots, l_n$ 中使 2 的指数为 λ 的那一个,M 为题中所给的数.N 是整数,$\dfrac{L}{2}$ 不是整数,故 M 不是整数.

10. n 为奇数时,n^a 是 $n^{a-1}, n^{a-1} \pm 2, n^{a-1} \pm 4, \cdots, n^{a-1} \pm (n-1)$ 的和.

n 为偶数时,n^a 是 $n^{a-1} \pm 1, n^{a-1} \pm 3, \cdots, n^{a-1} \pm (n-1)$ 的和.

11. 设 $2^n = a + (a+1) + \cdots + (a+k-1), k \geqslant 2$,则
$$2^{n+1} = (2a+k-1) \times k,$$

不论 k 为奇数还是偶数,右边均有大于 1 的奇因数,上式不可能成立.

12. $A_n + 1 = (\sqrt{3}+1)^{2n} + (\sqrt{3}-1)^{2n}$
$$= (4+2\sqrt{3})^n + (4-2\sqrt{3})^n$$
$$= 2^n((2+\sqrt{3})^n + (2-\sqrt{3})^n)$$
$$= 2^{n+1} \sum C_n^{2k} 2^{n-2k} \cdot 3^k$$

被 2^{n+1} 整除.

13. 对于每个边长为 1 的正三角形 T,定义 $f(T)$ 为 T 的一端蓝,一端白的边的条数,显然 $f(T) \in \{0,1,2\}$.考虑和
$$\sum f(T) \qquad\qquad\qquad ①$$

(这里和号 $\sum$ 遍及 n^2 个边长为 1 的正三角形).

如果 T 的边 DE 不在 AB, BC, CA 上,则它还属于另一个边长为 1 的正三角形 T',所以 DE 对和 ① 的贡献为偶数(0 或 2).

如果边 DE 在 BC 或 CA 上,则它不是一端蓝,一端白的边,对 ① 的贡献仍为偶数(0).

最后考虑在 AB 上的长为 1 的线段 DE,易知 A 为蓝色,B 为白色.则由例 4 可知在 AB 上有奇数条边长为 1 的线段一端蓝,一端白.

于是,①的值是奇数,其中至少有一个 $f(T)=1$,这个三角形 T 的三个顶点分别为红、蓝、白三种颜色.

*14. 这样的函数是存在的.

例如,将奇数分为互不相交的集合 $A_1, A_2, \cdots$,每个集 A_i 含有 1990 个奇数 $a_{i1}, a_{i2}, \cdots$, a_{i1989}, a_{i1990}. 令

$$f(2^k a_{ij}) = 2^k a_{ij+1} \quad (j = 1, 2, \cdots, 1989),$$
$$f(2^k a_{i1990}) = 2^{k+1} a_{i1},$$
$$(k \in \mathbf{N} \bigcup \{0\}, i \in \mathbf{N}).$$

易验证 f 满足要求.

练习 1.2

1. (1) $(5767, 4453) = (5767 - 4453, 4453) = (4453, 1314) = (1314, 3 \times 1314 + 511) = (1314, 511) = (511 \times 2 + 292, 511) = (292, 511) = (292, 292 + 219) = (219, 292) = 73.$

(2) 同上,$(3141, 1592) = (1549, 1592) = (1549, 43) = (43, 1) = 1.$

(3) $(136, 221, 391) = (136, (221, 391)) = 17.$

2. (1) 假设 $n = dk_1, n+1 = dk_2$,这里 $d = (n, n+1), (k_1, k_2) = 1$,则
$$1 = d(k_1 - k_2),$$
因此 $d = 1$.

(2) 因为 $(n, n+2) = (n, 2)$,当 n 为奇数时,$(n, 2) = 1$;当 n 为偶数时,$(n, 2) = 2$.所以,$(n, n+2) = 1$ 或 2.

(3) $(n, n+k) = (n, k), n > k$,所以,(n, k) 可以是 k 的所有因数.

3. (1) 假设 $(a \pm b, ab)$ 有质因数 p,则
$$p \mid ab, \quad p \mid (a \pm b).$$
又 $(a, b) = 1$,故 p 仅能整除 a, b 之一.不妨令 $p \mid a$,且 $p \nmid b$,则 $p \nmid (a \pm b)$.矛盾.

(2) $(a, a+b) = (a, b) = 1$,
所以 $(a+b, a-b) = (a+b, 2a) = (a+b, 2) = 1$ 或 2.

4. 利用辗转相除法得 $x = 30, y = -13$.

5. 因为 $(36, 28) = 4$,故满足要求的 x, y 不存在.

6. 由题意知 $a = 36a_1, b = 36b_1, (a_1, b_1) = 1$,且有
$$a_1 + b_1 = 12.$$
于是,就有 $a_1 + b_1 = 12 = 1 + 11 = 5 + 7$.从而满足题意的 a, b 分别为
$$36, 396; 180, 252.$$

7. 设 $(a,b)=d$，则 $a=ds,b=dt,(s,t)=1$.这数列变为

$$sd,2sd,3sd,\cdots,(td)sd,$$

各项除以 $b=dt$，得

$$\frac{s}{t},\frac{2s}{t},\frac{3s}{t},\cdots,\frac{(td)}{t}s.$$

其中为整数的是 $\frac{it}{t}s(i=1,2,\cdots,d)$，故结论成立.

练习 1.3

1. 由裴蜀恒等式，有整数 u,v，使 $uc+vab=1$.于是 $ubc+vab=b$.左边每项被 c 整除，所以 $c\mid b$.

2. $a\mid n,b\mid n$，所以 a、b 的质因数（包括重数）全在 n 的质因数分解式中.因为 $(a,b)=1$，所以 a、b 的质因数互不相同.因此 ab 的质因数（包括重数）全在 n 的分解式中，即 $ab\mid n$.

3. 因 $p\geqslant 5$，则可令 $p=3m+1$，或 $p=3m+2$.

当 $p=3m+1$ 时，$2p+1=6m+3$，不合题意.故 $p=3m+2$.而 $4p+1=12m+9$ 是合数.

4. n 个连续数可表示为 $a+2,a+3,\cdots,a+(n+1)$，为了使这 n 个数是合数，仅需 a 是 $2,3,\cdots,(n+1)$ 的倍数，故可取 $a=(n+1)!$ 满足要求.

5. 因为 $72=2^3\times 3^2,480=2^5\times 3\times 5$，所以 $(72,480)=24,[72,480]=1440$.

6. 取 $d=32,a=20,b=48$，显然有

$$d\mid ab,\text{但 }d\nmid a,d\nmid b.$$

7. (1) 取 $n=20,119=7\times 17,121=11\times 11$.

(2) 由(1)可知取 $n=77k+20$，就符合要求，这里 k 是整数.

8. 假设 $\dfrac{n}{p}$ 不是质数，则 $\dfrac{n}{p}=p_1\cdot k$，这里 p_1 为质数，$k\geqslant p_1$.由 p 为 n 的最小质因数，所以，$p\leqslant p_1\leqslant k$，得 $n=p\cdot p_1\cdot k$，从而推得

$$n\geqslant p^3,\text{即 }p\leqslant n^{\frac{1}{3}},$$

但 $p>n^{\frac{1}{3}}$.故假设不成立.于是结论成立.

9. x 与 z 奇偶性不同，所以 $x=2$.于是

$$2^y+1=z.$$

又若 y 为奇数，则 z 必为合数，所以 $y=2$，从而有 $z=5$.故 $x=y=2,z=5$.

10. 利用练习 1.2 第 3 题(2)结论及 $p_1,p_2,\cdots,p_k$ 均为奇质数，可得

$$(n,p_1p_2\cdots p_k)=1.$$

因此，n 为质数(否则，必有质因数 $p_i \leqslant \sqrt{n}$).

练习 1.4

1. 从 114 到 126 这些数均为合数.

2. $539 = 7 \times 77$，不是质数.

3. 考虑 $n!-1$.因为 $n!-1$ 与 $n!$ 互质，所以从 1 到 n 中的质数均(能整除 $n!$)不能整除 $n!-1$,于是 $n!-1$ 必有质因数 $p > n$,且 $p < n!$.

4. 不成立.

$3 \mid 60, 5 \mid 60$,且 3 和 5 均大于 $60^{\frac{1}{4}} = 2.78\cdots$,但 $\dfrac{60}{3 \times 5} = 4$ 不是质数.

若 p 和 q 是 n 的最小质因数，则结论成立.

5. 任一奇合数 A 都可以表示为 $p_1 \cdot k$,这里 $p_1 \leqslant k$,p_1, k 都为奇数,p_1 为 A 的最小质因数.于是 $A = p_1 \cdot k = p_1 \cdot (p_1 + (k-p_1)) = p_1(p_1 + 2t), t \geqslant 0$.由此可知,凡小于 n^2 的奇合数均在题中算术级数之中.又算术级数的每一项均为合数,故小于 n^2 的所有奇质数不包含在题中算术级数之中.

6. 不妨设 $i < j$,则
$$(a_i, a_j) = (1 + ip_n, (j-i)p_n), 1 \leqslant j-i < n,$$
$p_k \mid (j-i)p_n, p_k \mid ip_n, p_k, (k=1,2,\cdots,n)$ 为 $2,3,5,7,\cdots$ 这前 n 个质数,且 $(j-i)p_n$ 的所有质因数恰为 $p_1, p_2, \cdots, p_n$.所以,$(a_i, a_j) = 1$.

第 2 章　同　余

练习 2.1

1. 因为 $a = k_1 m + b$,$b = k_2 m + c$,所以
$$a = (k_1 + k_2)m + c,\text{即}$$
$$a \equiv c \pmod{m}.$$

2. 令 $a \equiv b \pmod{m}$,且 $n \in \mathbf{N}$,则
$$a^n = (km + b)^n = A \cdot m + b^n,$$
即
$$a^n \equiv b^n \pmod{m}.$$

3. 由条件知 $ac = bc + km$,即 $(a-b)\dfrac{c}{(c,m)} = k \cdot \dfrac{m}{(c,m)}$,所以 $\dfrac{m}{(c,m)} \mid (a-b)\dfrac{c}{(c,m)}$.

因为 $\dfrac{m}{(c,m)}$ 与 $\dfrac{c}{(c,m)}$ 互质,所以 $\dfrac{m}{(c,m)} \mid (a-b)$,即

$$a \equiv b \left(\bmod \dfrac{m}{(c,m)}\right).$$

4. 因为 $a = b + km = b + kqn$,所以 $a \equiv b \pmod{n}$.

5. 因为
$$m_1 \mid (a-b), m_2 \mid (a-b),$$
所以 $[m_1, m_2] \mid (a-b)$,即 $n = 2$ 时结论成立.

假设 $n \geqslant 2$ 时结论成立,则由

$$a \equiv b \pmod{[m_1, m_2, \cdots, m_n]},$$
$$a \equiv b \pmod{m_{n+1}},$$

得

$$a \equiv b \pmod{[m_1, m_2, \cdots, m_{n+1}]}.$$

6. 假设 $na_1 + k, na_2 + k, \cdots, na_m + k$ 不是模 m 的完全剩余系,则有
$$na_i + k \equiv na_j + k \pmod{m}.$$
由 $(n,m) = 1$,得 $a_i \equiv a_j \pmod{m}$,矛盾.所以结论成立.

练习 2.2

1. $6k + 5 \equiv 2k + 1 \equiv 2 \times 1 + 1 = 3 \pmod{4}$.

2. $3145 \times 92653 \equiv 4 \times 7 \equiv 1 \pmod{9}$,

而 $$2 + 1 + 9 + 9 + 3 + 6 + 8 + 5 \equiv 7 \pmod{9},$$

所以, $$291\square93685 \equiv 1 \equiv 7 + \square \pmod{9},$$

从而有 $$\square = 3.$$

3. 因为 $\quad 0^2 \equiv 0 \pmod{10}, \quad 1^2 \equiv 1 \pmod{10}, \quad 2^2 \equiv 4 \pmod{10},$

$$3^2 \equiv 9 \pmod{10}, \quad 4^2 \equiv 6 \pmod{10}, \quad 5^2 \equiv 5 \pmod{10},$$

$$6^2 \equiv 6 \pmod{10}, \quad 7^2 \equiv 9 \pmod{10}, \quad 8^2 \equiv 4 \pmod{10},$$

$$9^2 \equiv 1 \pmod{10}.$$

所以,任何平方数的末位数字不能是 $2, 3, 7,$ 或 8.

4. $n \equiv 0, 1, 2, 3, 4 \pmod{5}$ 时,
$$n(n+1) \equiv 0, 2, 1, 2, 0 \pmod{5},$$
即 $n(n+1) \equiv 0, 2, 6 \pmod{5}$.

所以 $$\dfrac{n(n+1)}{2} \equiv 0, 1, 3 \pmod{5},$$

$$\dfrac{n(n+1)}{2} \equiv 0, 1, 3, 5, 6, 8 \pmod{10}.$$

5. 因为 $\overline{141x28y3} \equiv 14+(10+x)+28+(10y+3)=55+x+10y \pmod{99}$,

而 $0 < 55+x+10y < 2 \times 99$,

所以 $55+x+10y=99$.

因为 $0 \leqslant x, y \leqslant 9$, 所以 $x=y=4$.

6. $10 \equiv 3 \pmod 7, 10^2 \equiv 2 \pmod 7, 10^3 \equiv -1 \pmod 7, 10^6 \equiv 1 \pmod 7$. 又 $10 \equiv 4 \pmod 6, 10^2 = 40 \equiv 4 \pmod 6, \cdots, \overset{10\text{个}0}{\overline{10 \cdots 0}} = 10^{10} \equiv 4 \pmod 6$, 于是

$$10^{10}+10^{100}+\cdots+10^{\overset{10\text{个}0}{\overline{10\cdots0}}}$$

$$\equiv 10^4+10^4+\cdots+10^4$$

$$\equiv 10 \times 10^4 \equiv 2 \times (-1) \equiv 5 \pmod 7,$$

即所求余数为 5.

7. 显然, 这个数是 125 的倍数, 即为 $125k$, 这里

$$k=(1 \times 3 \times 7) \times (9 \times 11 \times 13 \times 15) \times (17 \times 19 \times 21 \times 23) \times (27 \times 29 \times 31) \times (33 \times 35 \times 37 \times 39) \times \cdots \times (1985 \times 1987 \times 1989)$$

上式中除第 1 个括号、第 4 个括号与最后一个括号外, 每个括号中都是 4 个数的积, 并且

这 4 个数的积 $\equiv 1 \times 3 \times (-3) \times (-1) \equiv 1 \pmod 8$,

而

$$1985 \times 1987 \times 1989 \equiv 1 \times 3 \times (-3) \equiv -1 \pmod 8,$$

$$27 \times 29 \times 31 \equiv 3 \times (-3) \times (-1) \equiv 1 \pmod 8,$$

$$1 \times 3 \times 7 \equiv 3 \times (-1) = -3 \equiv 5 \pmod 8,$$

所以

$$k \equiv -5 \equiv 3 \pmod 8,$$

从而

$$125k = 125 \times (8m+3) \equiv 375 \pmod{1000},$$

即所求的末三位数字是 $3,7,5$.

8. 若 $n \equiv 0 \pmod 3$, 则

$$n^2+n+2 \equiv 2 \pmod 3.$$

若 $n \equiv \pm 1 \pmod 3$, 则

$$n^2+n+2 \equiv \pm 1 \pmod 3,$$

于是 $3 \nmid n^2+n+2$, 更有 $15 \nmid n^2+n+2$.

9. $46^n + 296 \times 13^n \equiv 1^n + 2 \times 1^n = 1+2 \equiv 0 \pmod 3$,

$$46^n + 296 \times 13^n \equiv 2^n - 1 \times 2^n \equiv 0 \pmod{11},$$

118

又 n 是奇数,

$$46^n + 296 \times 13^n \equiv (-13)^n + 1 \times 13^n \equiv 0 \pmod{59},$$

而 $1947 = 3 \times 11 \times 59$,所以,$46^n + 296 \times 13^n$($n$ 为奇数)被 1947 整除.

10. 如果 n 是奇数,那么

$$1^n + 2^n + 3^n + 4^n \equiv 1^n + 2^n + (-2)^n + (-1)^n \equiv 0 \pmod{5}.$$

如果 n 是偶数 $2m$,那么

$$1^n + 2^n + 3^n + 4^n \equiv 1^{2m} + 2^{2m} + (-2)^{2m} + (-1)^{2m}$$
$$= 2 + 2 \times 2^{2m} = 2 + 2 \times 4^m$$
$$\equiv 2 + 2 \times (-1)^m \pmod{5},$$

当 m 是奇数时,$1^n + 2^n + 3^n + 4^n \equiv 2 - 2 = 0 \pmod{5}$;当 m 是偶数时,$1^n + 2^n + 3^n + 4^n \equiv 2 + 2 = 4 \pmod{5}$.于是,当 $4 \nmid n$ 时,$5 \mid 1^n + 2^n + 3^n + 4^n$.

11. 不存在末 4 位为 4444 的平方数.

假设有

$$(100x + y)^2 \equiv 4444 \pmod{10000},$$

其中 y 是两位数,那么

$$y(200x + y) \equiv 4444 \pmod{10000},$$

y 必为偶数,令 $y = 2z$,则

$$z(100x + z) \equiv 1111 \pmod{2500},$$

故 $z^2 \equiv 11 \equiv 3 \pmod{4}$,矛盾!

但末三位数字全是 4 的平方数是存在的,例如,$38^2 = 1444$.

12. 考虑以 8 为模.我们可以得到

$$x_3 \equiv x_5 \equiv x_7 \equiv x_9 \equiv \cdots \equiv 3 \pmod{8},$$
$$x_4 \equiv x_6 \equiv x_8 \equiv x_{10} \equiv \cdots \equiv 5 \pmod{8}.$$

同样地,

$$y_1 \equiv y_3 \equiv y_5 \equiv y_7 \equiv \cdots \equiv 7 \pmod{8},$$
$$y_2 \equiv y_4 \equiv y_6 \equiv \cdots \equiv 1 \pmod{8}.$$

因为两个数列 $x_3, x_4, x_5, \cdots$ 与 $y_1, y_2, y_3, \cdots$ 除以 8 所得余数不同.所以这两个数列无相同的项.又 $\{y_n\}$ 是递增数列,它的项 $\geqslant 7$,不会等于 x_1 与 x_2,故结论成立.

13. 因为 $1^5 \equiv 1 \pmod{10}, 2^5 \equiv 2 \pmod{10}, 3^5 \equiv 3 \pmod{10}, 4^5 \equiv 4 \pmod{10}, 5^5 \equiv 5 \pmod{10}, 6^5 \equiv 6 \pmod{10}, 7^5 \equiv 7 \pmod{10}, 8^5 \equiv 8 \pmod{10}, 9^5 \equiv 9 \pmod{10}, 0^5 \equiv 0 \pmod{10}$.于是

$$a^5 = (10B + A)^5 \equiv A^5 \equiv A \equiv a \pmod{10},$$

这里 A 为数字 $0 \sim 9$.

14. 如 $n = 15$.存在无限多个满足要求的数 $n = 30k + 15$,这里 k 是整数.

15. A 是整数,则 $A^3 \equiv 0, -1, 1 \pmod 9$.

三个数的立方和模 9 余数只能是 $0, -1, 1, -2, 2, -3, 3$.不可能模 9 余 4.

　　练习 2.3

1. 因为 $(314, 163) = 1$,所以由费马小定理得 $314^{162} \equiv 1 \pmod{163}$,即 314^{162} 除以 163,余数是 1.

2. 因为 $(314, 7) = 1$,所以,$314^6 \equiv 1 \pmod 7$.又 $159 = 6 \times 26 + 3$,所以,$314^{159} = (314^6)^{26} \cdot (314)^3 \equiv 314^3 \equiv (-1)^3 \equiv -1 \equiv 6 \pmod 7$,即 314^{159} 除以 7 余数是 6.

3. 令 $n = ab, a \neq n$.因为 $n \mid ((n-1)! + 1)$,所以 $a \mid (n-1)! + 1$.又 $a \mid (n-1)!$,从而 $a = 1$.故 n 是质数.

4. (1) 略.

(2) $(p-k)! \ (k-1)! \equiv (-1)^k \pmod p, k = 1, 2, 3, \cdots, p$.

当 $p = 2$ 时,易知结论成立.

当 p 为奇质数时,

$$(p-k)! \cdot (k-1)! \equiv (-1)^{p-k} \cdot k \cdot (k+1) \cdots (p-1) \cdot (k-1)!$$
$$= (-1)^{p-k} \cdot (p-1)!$$
$$\equiv (-1)^{p+1-k} \equiv (-1)^k \pmod p.$$

5. (1) $2, 0, 0, 0, 0$.

(2) 若 $n > 4$ 是合数,则 $(n-1)! \equiv 0 \pmod n$.令 $n = ab, a, b < n-1, (a, b) = 1$,于是 $(n-1)! \equiv 0 \pmod a, (n-1)! \equiv 0 \pmod b$.故 $(n-1)! \equiv 0 \pmod{ab}$,即

$$(n-1)! \equiv 0 \pmod n.$$

6. 因为 $(a, n+1) = 1, (b, n+1) = 1$,所以由费马定理得 $a^n \equiv 1 \pmod{n+1}, b^n \equiv 1 \pmod{n+1}$.于是 $a^n - b^n \equiv 0 \pmod{n+1}$,即 $a^n \equiv b^n \pmod{n+1}$.

7. (1) $1^{p-1} + 2^{p-1} + \cdots + (p-1)^{p-1} \equiv (p-1) \cdot 1 \equiv -1 \pmod p$;

(2) $1^p + 2^p + \cdots + (p-1)^p \equiv 1 + 2 + \cdots + (p-1) = \dfrac{p(p-1)}{2} \equiv 0 \pmod p$,这里 p 为奇质数,$\dfrac{p-1}{2}$ 是整数.

(3) 因为 2 与 p 互质,所以 $2 \cdot 1, 2 \cdot 2, \cdots, 2 \cdot (p-1)$ 仍是 mod p 的缩系.

$2^m(1^m + 2^m + \cdots + (p-1)^m) \equiv 1^m + 2^m + \cdots + (p-1)^m \pmod p$,

于是,$(2^m - 1)(1^m + 2^m + \cdots + (p-1)^m) \equiv 0 \pmod p$.

从而 $1^m + 2^m + \cdots + (p-1)^m \equiv 0 (\bmod\ p)$.

8. 因为 $11^{31} \equiv 11\ (\bmod\ 31)$, 则

$11^{341} - 11 \equiv 11^{11} - 11 = 121^5 \times 11 - 11 \equiv (-3)^5 \times 11 - 11 \equiv 24 - 11 = 13 \not\equiv 0 (\bmod\ 31)$.

所以, $341 \nmid (11^{341} - 11)$.

9. 因为 $a^{p-1} \equiv 1\ (\bmod\ p)$, 所以 $a^{\frac{p-1}{2}} \equiv 1$ 或 $-1\ (\bmod\ p)$.

10. 所有满足 $n \not\equiv 0$ 或 $1 (\bmod\ p)$ 的数 n.

因为当 $(n, p) = 1$ 时, $n^{p-1} \equiv 1\ (\bmod\ p)$, 即

$$(n-1)(n^{p-2} + n^{p-3} + \cdots + n^2 + n + 1) \equiv 0\ (\bmod\ p),$$

所以, 若 $n - 1 \not\equiv 0\ (\bmod\ p)$, 则 $p \mid (1 + n + n^2 + \cdots + n^{p-2})$.

练习 2.4

1. 21.

2. 由 $x \equiv 2 (\bmod\ 11)$ 得, $x = 11r + 2$, 代入 $x \equiv 5 (\bmod\ 7)$ 中, 有 $r \equiv 6\ (\bmod\ 7)$, 即 $r \equiv 7s + 6$. 得 $x = 77s + 68$, 代入 $x \equiv 4 (\bmod\ 5)$, 得

$$2s + 3 \equiv 4\ (\bmod\ 5),$$

即
$$2s \equiv 1\ (\bmod\ 5).$$

于是有 $s \equiv 3\ (\bmod\ 5)$, 即 $s = 5t + 3$, 从而推得

$$x = 385t + 299,$$

即
$$x \equiv 299\ (\bmod\ 385).$$

3. 这同余方程组等价于同余方程组

$$\begin{cases} x \equiv 1\ (\bmod\ 7), \\ x \equiv 3\ (\bmod\ 5), \\ x \equiv 5\ (\bmod\ 9). \end{cases}$$

于是仿第 2 题或直接利用中国剩余定理得

$$x \equiv 113\ (\bmod\ 315).$$

4. 因为 $49y \equiv 1\ (\bmod\ 37)$, 即 $12y \equiv 1\ (\bmod\ 37)$, 所以 $36y \equiv 3\ (\bmod\ 37)$, $y \equiv -3\ (\bmod\ 37)$, 从而有

$$y = 37t - 3.$$

于是 $37x + 49 \times (37t - 3) = 1$, 即 $x = -49t + 4$.

故不定方程 $37x + 49y = 1$ 的解为

$$\begin{cases} x = -49t + 4, \\ y = 37t + 3. \end{cases}$$

t 是整数.

5. 如果 $n!+j$ 有一个质因数 $p \geqslant n$,那么在 $2 \leqslant i \leqslant n, i \neq j$ 时,因 $n!+i = (n!+j)+(i-j)$,而 $0 < |i-j| < n$,所以 $p \nmid (n!+i)$.

如果 $n!+j$ 的质因数都小于 n,那么 $\dfrac{n!}{j}+1$ 的质因数 $p < n$,对于 $2 \leqslant i \leqslant n, i \neq j$,因 $p \nmid \dfrac{n!}{j}$,所以 $p \nmid i$,而 $p \mid n!$.故 $p \nmid (n!+i)$.

第3章 数论函数

练习 3.1

1. 不妨设 $0 \leqslant x < 1$,只要证明

$$\left[x + \frac{1}{2}\right] = [2x].$$

当 $x < \dfrac{1}{2}$ 时,上式两边为 0;当 $x \geqslant \dfrac{1}{2}$ 时,上式两边为 1.

2. 在 $n = 2k$ 时,$\left[\dfrac{2k}{2}\right] \cdot \left[\dfrac{2k+1}{2}\right] = k^2$,$\left[\dfrac{4k^2}{4}\right] = k^2$;$n = 2k+1$ 时,$\left[\dfrac{2k+1}{2}\right]\left[\dfrac{2k+2}{2}\right] = k(k+1)$,$\left[\dfrac{(2k+1)^2}{4}\right] = k(k+1)$.

3. 令 $a = [a]+r, b = [b]+s$,其中 $0 \leqslant r, s < 1$.则

$$a - b = [a] - [b] + r - s.$$

当 $r-s \geqslant 0$ 时,$[a-b] = [a]-[b]$;当 $r-s < 0$ 时,$[a-b] = [a]-[b]-1$,即 $[a]-[b] = [a-b]+1$.

4. $v_3(n!) = \left[\dfrac{n}{3}\right] + \left[\dfrac{n}{3^2}\right] + \left[\dfrac{n}{3^3}\right] + \cdots$,$n = 18$ 时,$v_3(n!) = 6+2 > 7$;$n = 17$ 时,$v_3(n!) = 5+1 = 6 < 7$.不存在满足要求的 n.

5. 设 $n = 3m+1$,m 为正整数,则

$$[nr] = \left[(3m+1) \times \frac{4}{3}\right] = \left[4m+1+\frac{1}{3}\right] = 4m+1.$$

而 $(4,1) = 1$,从而形如 $4m+1$ 的质数的个数为无穷.

6. 求 1000! 与 100! 中 7 出现的次数之差,得 $k = 148$.

7. 方程即 $63[x]+r = 12345$,其中整数 r 满足 $0 \leqslant r \leqslant 57$.

于是 $21[x]+r_1=4115$,其中整数 r_1 满足 $0\leqslant r_1\leqslant 19$.要使 $3\mid 4115-r_1$,必须 $r_1=2,5,8,11,14,17$.但这些 r_1 均不满足 $7\mid 4115-r_1$,因此方程无解.

8. 设 $\{rn\}=\varepsilon$,则
$$[r[rn]+r]+[r(n+1)]$$
$$=[r^2n-r\varepsilon+r]+[rn]+[\varepsilon+r]$$
$$=[(1-r)n-r\varepsilon+r]+[rn]+[\varepsilon+r]$$
$$=n+[r-(1+r)\varepsilon]+[\varepsilon+r]$$

由于 $r^2+r=1$,$r-(1+r)\varepsilon=\dfrac{1}{r}(1-r-\varepsilon)$.

若 $\varepsilon+r>1$,则 $\quad 0>1-r-\varepsilon>-1$,
$$[r-(1+r)\varepsilon]+[\varepsilon+r]=-1+1=0.$$

若 $\varepsilon+r<1$,则
$$[r-(1+r)\varepsilon]+[\varepsilon+r]=0+0=0.$$

故结论成立.(由 $\varepsilon+r=1$ 推得 $r(n+1)=[rn]+1$,这与 r 为无理数矛盾.)

练习 3.2

1. 因为 $420=2^2\times 3\times 5\times 7$,所以
$$\tau(420)=(2+1)(1+1)(1+1)(1+1)=24.$$
$$\sigma(420)=\sum_{d\mid 420}d=\frac{2^{2+1}-1}{2-1}\cdot\frac{3^{1+1}-1}{3-1}\cdot\frac{5^{1+1}-1}{5-1}\cdot\frac{7^{1+1}-1}{7-1}=1334.$$

2. 因为 $\tau(p_1p_2\cdots p_k)=2^k$,所以
$$\tau(p_1p_2\cdots p_k)-1=2^k-1=(2-1)(1+2+\cdots+2^{k-1})$$
$$=1+2+\cdots+2^{k-1}.$$

3. 令 $n=2^k$,则 $\sigma_{(n)}=\dfrac{2^{k+1}-1}{2-1}=2^{k+1}-1$ 是奇数.

4. (1) 因为 $\dfrac{f(n)}{n}\cdot\dfrac{f(m)}{m}=\dfrac{f(n)\cdot f(m)}{nm}=\dfrac{f(mn)}{nm}$,所以结论成立.

(2) $\tau(n)-n$ 就不是积性函数.

5. 因为 $8=2\times 2\times 2=2\times 4$,所以,$n=p_1p_2p_3$,或 $n=p_1p_2^3$ 都有 $\tau(n)=8$.如 $n=24$.

6. 是,$\tau(2^{k-1})=k$.

7. $\displaystyle\sum_{d\mid n}\frac{1}{d}=\frac{1}{n}\sum_{d\mid n}\frac{n}{d}=\frac{1}{n}\sum_{d\mid n}d=\frac{\sigma(n)}{n}$.

8. (1) 由 $x^2-y^2=n$ 得 $(x-y)(x+y)=n$,这里 n 为奇数.于是 $x-y=\pm b$,$x+y=\pm\dfrac{n}{b}$,这里 $b\mid n$.从而方程的解数为 $2\tau(n)$.

(2) 因为 $x-y$ 与 $x+y$ 同奇同偶.若同偶,则积必为 4 的倍数.而 $x^2-y^2=2n$ 仅为 2 的倍数.故方程 $x^2-y^2=2n$ 无解.

9. 利用第 7 题得

$$\sum_{d|m}\frac{1}{d}=\frac{\sigma(m)}{m},\sum_{d|n}\frac{1}{d}=\frac{\sigma(n)}{n}.$$

由 m,n 是一对亲和数得 $\sigma(m)=m+n,\sigma(n)=m+n$,于是

$$\Big(\sum_{d|m}\frac{1}{d}\Big)^{-1}+\Big(\sum_{d|n}\frac{1}{d}\Big)^{-1}=\frac{m}{\sigma(m)}+\frac{n}{\sigma(n)}=\frac{m}{m+n}+\frac{n}{m+n}=1.$$

10. 因为若 n 为偶完全数,则 $n=2^{p-1}(2^p-1)$,p 与 2^p-1 均为质数.

当 $p=2$ 时,$n=6$;当 p 为奇质数时,若 $p=4k+1$,就有 $n=2^{4k}(2^{4k+1}-1)\equiv(-1)^{2k}(2\times1-1)\equiv1\ (\mathrm{mod}\ 5)$;若 $p=4k+3$,就有 $n=2^{4k+2}(2^{4k+3}-1)\equiv(-1)\times(3-1)\equiv3\ (\mathrm{mod}\ 5)$. 又 n 为偶数,所以,$n\equiv6$ 或 $8\ (\mathrm{mod}\ 10)$.

11. $n=2^{p-1}(2^p-1)$,$p\geqslant3$,当 $p=6k+1$ 时,$n=2^{6k}(2^{6k+1}-1)=1\times(2-1)=1\ (\mathrm{mod}\ 9)$;当 $p=6k+5$ 时,$n=2^{6k+4}(2^{6k+5}-1)\equiv7\times(5-1)\equiv1\ (\mathrm{mod}\ 9)$.故结论成立.

12. 若 $n=\prod_{p|n}p^{\alpha_p}$,则

$$\sigma_k(n)=\prod_{p|n}\frac{p^{(\alpha_p+1)k}-1}{p^k-1}.$$

练习 3.3

1. 因为 $(n,10)=1$,所以 $10^{\varphi(n)}\equiv1\ (\mathrm{mod}\ n)$,即 $10^{\varphi(n)}-1=99\cdots9$（$\varphi(n)$ 个 9）是 n 的倍数.

2. $420=2^2\times3\times5\times7$,$\varphi(420)=2^{2-1}\times(2-1)\times3^{1-1}\times(3-1)\times5^{1-1}\times(5-1)\times7^{1-1}\times(7-1)=96$.

3. 没有数满足 $\varphi(n)=2n$,因为对于所有 n,有 $\varphi(n)\leqslant n$.

4. 所有小于 n 且与 n 互质的正整数之和为 $\dfrac{n}{2}\varphi(n)$.事实上,若 $(a,n)=1,a<n$,则 $(n-a,n)=1$. 于是 $\sum a+\sum(n-a)=n\varphi(n)$,即 $\sum a=\dfrac{n}{2}\varphi(n)$.

5. 令 $a=dk<n=dm$,于是 $(k,m)=1$.与 m 互质且小于 m 的 k 有 $\varphi(m)$ 个,从而得小于 n 且与 n 的最大公约数为 d 的正整数共有 $\varphi(m)$ 个.

6. (1) 不妨设 $m=2^{\alpha}k,n=2l$,这里 $\alpha\geqslant1$,且 k,l 为奇数,$(k,l)=1$. 于是

$$\varphi(mn)=\varphi(2^{\alpha+1}kl)=\varphi(2^{\alpha+1})\varphi(k)\varphi(l)$$

$$=2^{\alpha}\varphi(k)\varphi(l)=2\cdot[2^{\alpha-1}\varphi(k)]\cdot[\varphi(l)]$$

$$= 2 \cdot \varphi(m) \cdot \varphi(n).$$

(2) 同上讨论可知

$$\varphi(mn) = \frac{p}{p-1} \varphi(m) \cdot \varphi(n).$$

7. $(7,10) = 1$,所以

$$7^{\varphi(10000000)} \equiv 1 \pmod{10000000},$$

即 $7^{\varphi(10000000)}$ 的结尾是 0000001.又 $\varphi(10000000) = 4000000$,故有 $7^{4000000}$ 的结尾是 0000001.

8. $k < 50$ 时,满足要求的 $2k$ 有:$14,26,34,38,50,62,68,74,76,86,90,94,98$.

9. (1) 即证明对 $(a,b) = 1, \mu(a,b) = \mu(a) \cdot \mu(b)$.

若 a 和 b 中有一个被某个质数的平方整除,则 $\mu(ab) = 0 = \mu(a)\mu(b)$.

若 a 和 b 都不被任何质数的平方整除,则由 $(a,b) = 1$ 得 ab 也不被任何质数的平方整除.设 a 有 m 个不同质因数,b 有 n 个不同质因数,则 ab 有 $m+n$ 个不同的质因数,所以

$$\mu(ab) = (-1)^{m+n} = (-1)^m \cdot (-1)^n = \mu(a)\mu(b).$$

(2) $n = 1$ 时,$\sum_{d \mid n} \mu(d) = \mu(1) = 1$.

在 $n > 1$ 时,设 $n = p_1^{a_1} p_2^{a_2} \cdots p_m^{a_m}$,因为在 d 被某个质数的平方整除时,$\mu(d) = 0$,所以

$$\sum_{d \mid n} \mu(d) = \sum_{d \mid p_1 p_2 \cdots p_n} \mu(d)$$

$$= \mu(1) + \sum_{i=1}^{m} \mu(p_i) + \sum_{i<j} \mu(p_i p_j) + \cdots + \mu(p_1 p_2 \cdots p_m)$$

$$= 1 + C_m^1 \cdot (-1) + C_m^2 \cdot (-1)^2 + \cdots + C_m^m \cdot (-1)^m$$

$$= (1-1)^m = 0.$$

(3) 利用上述的推导过程,得

$$\sum_{d \mid n} |\mu(d)| = \sum_{d \mid p_1 p_2 \cdots p_m} |\mu(d)|$$

$$= 1 + C_m^1 + C_m^2 + \cdots + C_m^m$$

$$= (1+1)^m$$

$$= 2^m.$$

(4) 同(2)与(3)的证明过程,有

$$\sum_{d \mid n} \frac{\mu(d)}{d} = \sum_{d \mid p_1 p_2 \cdots p_s} \frac{\mu(d)}{d}$$

$$= 1 + \sum_{i=1}^{s} \frac{\mu(p_i)}{p_i} + \sum_{i<j} \frac{\mu(p_i p_j)}{p_i \cdot p_j} + \cdots + \frac{\mu(p_1 p_2 \cdots p_s)}{p_1 p_2 \cdots p_s}$$

$$= 1 + \sum_{i=1}^{s} \frac{(-1)}{p_i} + \sum_{i<j} \frac{(-1)^2}{p_i p_j} + \cdots + \frac{(-1)^s}{p_1 p_2 \cdots p_s}$$

$$= \left(1 - \frac{1}{p_1}\right)\left(1 - \frac{1}{p_2}\right)\cdots\left(1 - \frac{1}{p_s}\right).$$

于是 $n\sum\limits_{d|n}\dfrac{\mu(d)}{d} = \varphi(n)$.

10. $\sigma(n)$ 是积性函数,若找到一个 a,使得 $\sigma(a) > 2a$,就可构造无穷多个与 a 互质的 n,有

$$\sigma(an) = \sigma(a)\sigma(n) > 2a \cdot n,$$

而 $\sigma(945) = 1920 > 2 \times 945$,故令 $n = 945m$,$(m, 945) = 1$,满足要求.

11. n 是 1 或等于不含有质数平方因数的正整数时,有

$$\sum_{d^2|n}\mu(d) = \mu(1) = 1 = \mu^2(n).$$

当含有平方因数时,设 $n = n_1^2 m$,$n_1 > 1$,m 为不含平方因数的数,此时当 $d^2 \mid n$,必有 $d \mid n_1$,因而

$$\sum_{d^2|n}\mu(d) = \sum_{d|n_1}\mu(d) = 0 = \mu^2(n).$$

第 4 章　不 定 方 程

练习 4.1

1. (1) 原方程等价于 $3x + 5y = 20$.显然 $x_0 = 5, y_0 = 1$ 是它的一组特解.因此全部解是

$$\begin{cases} x = 5 - 5t, \\ y = 1 + 3t, \end{cases} \quad t = 0, \pm 1, \pm 2, \cdots.$$

(2) 由于 $(60, 123) = 3 \nmid 25$,从而原方程无解.

(3) 原方程等价于 $5x + 3y = 14$.显然 $x_0 = 4, y_0 = -2$ 是它的一组特解.因此全部解是

$$\begin{cases} x = 4 - 3t, \\ y = -2 + 5t, \end{cases} \quad t = 0, \pm 1, \pm 2, \cdots.$$

(4) 先求方程的一组特解:

$x_0 = 113778, y_0 = -141169$ 是一组特解.因此方程的全部解为

$$\begin{cases} x = 113778 - 731t, \\ y = -141169 + 907t, \end{cases} \quad t = 0, \pm 1, \pm 2, \cdots.$$

(5) 原方程等价于 $17x - 20y = 35$.

因为 $(17, 20) = 1$ 而且 $x_0 = 15, y_0 = 11$ 是它的一组特解,所以方程的全部解为

$$\begin{cases} x = 15 - 20t, \\ y = 11 + 17t, \end{cases} \quad t = 0, \pm 1, \pm 2, \cdots.$$

（6）原方程等价于 $127x - 52y = -1$.

$x_0 = 9, y_0 = 22$ 是方程的一组特解,因此方程的全部解为

$$\begin{cases} x = 9 + 52t, \\ y = 22 + 127t, \end{cases} \quad t = 0, \pm 1, \pm 2, \cdots.$$

（7）方程未知数的系数 $(12, 9, 2)$ 以 2 的绝对值最小,将 z 用其他的未知数表示为

$$z = \frac{1}{2}(40 - 12x - 9y)$$

$$= 20 - 6x - 5y + \frac{1}{2}y.$$

令 $v = \frac{1}{2}y, u = x, u, v$ 应当是整数.则方程的解为

$$\begin{cases} x = u, \\ y = 2v, \\ z = 20 - 6u - 9v, \end{cases} \quad u, v \in \mathbf{Z}.$$

（8）方程的未知数的系数 $(9, 24, -5)$ 以 -5 的绝对值最小,将 z 用其他的未知数表示为

$$z = \frac{1}{5}(9x + 24y - 1000)$$

$$= 2x + 5y - 200 - \frac{1}{5}(x + y).$$

令 $v = \frac{1}{5}(x + y), u = x, u, v$ 应当是整数,则

$$x = u,$$

$$y = 5v - u,$$

$$z = \frac{1}{5}(9x + 24y - 1000)$$

$$= \frac{1}{5}(9u + 24(5v - u) - 1000)$$

$$= -3u + 24v - 200.$$

所以方程的解为

$$\begin{cases} x = u, \\ y = 5v - u, \\ z = -3u + 24v - 200, \end{cases} \quad u, v \in \mathbf{Z}.$$

2. (1) 方程的正整数解就是
$$(x,y) = (4,3).$$
(2) 方程的正整数解为
$$(x,y) = (15,6),(12,13),(9,20),(6,27),(3,34).$$

3. 设两堆数分别为 $7x$ 和 $11y$,则
$$7x + 11y = 100.$$
因为 $(7,11) = 1$ 而且 $x_0 = 30, y_0 = -10$ 是它的一组特解.从而方程的一般解为
$$\begin{cases} x = 30 - 11t, \\ y = -10 + 7t, \end{cases} t \in \mathbf{Z}.$$
令
$$\begin{cases} 30 - 11t > 0, \\ -10t + 7t > 0, \end{cases}$$
则 $t = 2$.即方程的正整数解为 $(x,y) = (8,4)$.从而两堆数分别为 56 和 44.

4. 因为 $60 = 3 \times 4 \times 5$.所以原题等价于求下列不定方程
$$\frac{17}{60} = \frac{x}{3} + \frac{y}{4} + \frac{z}{5}$$
的整数解.化简,得
$$20x + 15y + 12z = 17.$$
这方程的解为
$$\begin{cases} x = 1 - 12v - 3u, \\ y = -1 + 12v + 4u, \quad u,v \in \mathbf{Z}. \\ z = 1 + 5v, \end{cases}$$
这样
$$\frac{17}{60} = \frac{1 - 12v - 3u}{3} + \frac{-1 + 12v + 4u}{4} + \frac{1 + 5v}{5},$$
其中 u,v 为任意整数.

5. 设 1 元,2 元以及 5 元的人民币分别有 x 张,y 张,z 张,则原题等价于求下列不定方程组
$$\begin{cases} x + y + z = 50, \\ x + 2y + 5z = 80 \end{cases}$$
的非负整数解.

消去 x,得

128

$$y + 4z = 30.$$

此方程的非负整数解为

$$(y, z) = (30, 0), (26, 1), (22, 2), (18, 3), (14, 4), (10, 5), (6, 6), (2, 7).$$

从而原方程组的非负整数解为

$$(x, y, z) = (20, 30, 0), (23, 26, 1), (26, 22, 2), (29, 18, 3), (32, 14, 4), (35, 10, 5), (38,$$
$$6, 6), (41, 2, 7).$$

6. 因为 $(2, 3) = 1$ 而且 $x = 2n, y = 0$ 是它的一组特解.从而方程的全部整数解为

$$\begin{cases} x = 2n - 3t, \\ y = 2t, \end{cases} \quad t \in \mathbf{Z}.$$

练习 4.2

1. 运用公式 $(4.2.4), (4.2.5)$ 可得满足条件的解为

$$(x, y, z) = (16, 63, 65), (33, 56, 65), (25, 60, 65), (39, 52, 65).$$

2. 运用公式 $(4.2.4), (4.2.5)$ 可得满足条件的解为

$$(x, y, z) = (3, 4, 5), (6, 8, 10), (9, 12, 15), (12, 16, 20), (15, 20, 25); (5, 12, 13), (10,$$
$$24, 26); (8, 15, 17); (7, 24, 25); (20, 21, 29).$$

3. 不妨设直角三角形的三条边分别为 x, y, z 且 $x < y < z$.则:

当 $z = 20$ 时,运用公式 $(4.2.4), (4.2.5)$ 得

$$(x, y, z) = (12, 16, 20).$$

当 x 或 $y = 20$ 时,运用公式 $(4.2.4), (4.2.5)$,分析,得

$$(x, y, z) = (20, 99, 101), (20, 21, 29), (20, 48, 52), (12, 20, 25).$$

4. 因为 $x^2 - y^2 = 72$,所以 x 和 y 同奇偶.从而 $x + y$ 与 $x - y$ 均为偶数.因此,

$$\begin{cases} x = 19, \\ y = 17, \end{cases} \quad \begin{cases} x = 11, \\ y = 7, \end{cases} \quad \begin{cases} x = 9, \\ y = 3. \end{cases}$$

这恰为 $x^2 - y^2 = 72$ 的全部正整数解.

5. (1) 反证法.若方程存在正整数解,则可设 (x_0, y_0, z_0) 是所有正整数解当中 z_0 值最小的解.于是 $(x_0^2, 2y_0^2, z_0)$ 是 $x^2 + y^2 = z^2$ 的一组解,而且 x_0^2 为奇数.由定理 4.3 可知

$$\begin{cases} x_0^2 = a^2 - b^2, & \text{①} \\ 2y_0^2 = 2ab, & \text{②} \\ z_0 = a^2 + b^2, & \text{③} \end{cases}$$

其中 $(a, b) = 1$ 并且 $a > b > 0$.

由 ① 得 $x_0^2 + b^2 = a^2$,因此 b 为偶数,而且 a 为奇数.显然 (x_0, b, a) 是 $x^2 + y^2 = z^2$ 的一

组解.又由定理 4.3 可知

$$\begin{cases} x_0 = u^2 - v^2, \\ b = 2uv, & \text{④} \\ a = u^2 + v^2, & \text{⑤} \end{cases}$$

其中 $(u,v) = 1$ 而且 $u > v > 0$.

由 ② 得 $y_0^2 = ab$. 因为 $(a,b) = 1$, 所以 a,b 均为平方数.

不妨设 $a = s^2, b = t^2$, 由 ④,⑤, 得

$$\begin{cases} t^2 = 2uv, & \text{⑥} \\ s^2 = u^2 + v^2, & \text{⑦} \end{cases}$$

由 ⑦ 以及 $(u,v) = 1$ 可知 u,v 一奇一偶. 不妨设 v 为偶数, 则由 ⑥ 可知

$$\left(\frac{t}{2}\right)^2 = u \cdot \frac{v}{2}.$$

显然 $u, \dfrac{v}{2}$ 均为平方数. 不妨令 $u = \rho^2, \dfrac{v}{2} = \sigma^2$, 那么由 ⑦ 得

$$s^2 = \rho^4 + 4\sigma^4,$$

因此 (ρ, σ, s) 也是方程 $x^4 + 4y^4 = z^2$ 的一组解, 但是 $z_0 = a^2 + b^2 > a^2 \geq a \geq s$, 这与 z_0 的值最小矛盾. 因此原方程无正整数解.

(2) 反证法, 若 $x^4 - y^4 = z^2$ 有正整数解 (x_0, y_0, z_0), 则

$$z_0^2 = x_0^4 - y_0^4.$$

那么

$$z_0^4 = (x_0^4 - y_0^4)^2 = (x_0^4 + y_0^4)^2 - 4x_0^4 y_0^4,$$

即

$$z_0^4 + 4(x_0 y_0)^4 = (x_0^4 + y_0^4)^2.$$

因此 $(z_0, x_0 y_0, x_0^4 + y_0^4)$ 就是 $x^4 + 4y^4 = z^2$ 的一组正整数解与题 5(1) 矛盾. 从而 $x^4 - y^4 = z^2$ 无正整数解.

6. 反证法, 若存在直角三角形, 三边长为 $a < b < c$ 满足 $a^2 + b^2 = c^2$ 而且面积 $= \dfrac{1}{2}ab = m^2$. 那么

$$(a+b)^2 = a^2 + b^2 + 2ab = c^2 + 4m^2,$$
$$(a-b)^2 = a^2 + b^2 - 2ab = c^2 - 4m^2.$$

从而
$$(a^2 - b^2)^2 = c^4 - 16m^4.$$

即
$$c^4 - (2m)^4 = (b^2 - a^2)^2,$$

则$(c,2m,b^2-a^2)$为方程$x^4-y^4=z^2$的一组正整数解,这与题 5(2) 矛盾.故命题成立.

第 5 章　　原　　　　根

练习 5.1

1. 如果 $0 \leqslant i \leqslant j \leqslant d$,并且

$$a^i \equiv a^j (\bmod\ n),$$

那么

$$a^{j-i} \equiv 1 (\bmod\ n).$$

因为 $\mathrm{ord}_n a = d$,所以 $d \mid j-i$,而

$$0 \leqslant j-i < d,$$

所以 　$j-i = 0, i = j.$

从而 $a, a^2, \cdots, a^d$ 互不同余.

2. 如果在 $x = x_1$ 时,$f(x) \equiv 0 (\bmod\ n)$,那么由除法得 $f(x) = (x-x_1) f_1(x) + r$,$f_1(x)$ 为 $d-1$ 次多项式,r 为常数,所以 $f(x) \equiv (x-x_1) f_1(x) + r (\bmod\ n)$.从而令 $x = x_1$ 得 $r \equiv 0 (\bmod\ n)$.即

$$f(x) \equiv (x-x_1) f_1(x) (\bmod\ n).$$

如果 $x = x_2$ 是另一个根($x_2 \not\equiv x_1 (\bmod\ n)$),那么

$$0 \equiv f(x_2) \equiv (x_2 - x_1) f_1(x_2) (\bmod\ n),$$

从而 $f_1(x_2) \equiv 0 (\bmod\ n)$,$x_2$ 是 $f_1(x) \equiv 0 (\bmod\ n)$ 的根.
同样有

$$f_1(x) \equiv (x-x_2) f_2(x) (\bmod\ n),$$

即

$$f(x) \equiv (x-x_1)(x-x_2) f_2(x) (\bmod\ n).$$

依此类推,如果 $f(x) \equiv 0 (\bmod\ n)$ 至少有 d 个互不同余的根 $x_1, x_2, \cdots, x_d$,那么

$$f(x) \equiv a_0 (x-x_1)(x-x_2) \cdots (x-x_d) (\bmod\ n).$$

对任一个与 $x_1, x_2, \cdots, x_d$ 不同余的数 b,

$$f(b) \equiv a_0 (b-x_1)(b-x_2), \cdots, (b-x_d) \not\equiv 0 (\bmod\ n),$$

所以 $f(x) \equiv 0 (\bmod\ n)$ 至多 d 个根.

3. 不一定有根,例如

$$x^2 - 3 \equiv 0 (\bmod\ 8)$$

就没有根(一般地,如果 $x^2 \equiv a \pmod{n}$ 有解,a 就称为 $\bmod n$ 的平方剩余,否则称为非平方剩余,3 就是 $\bmod 8$ 的非平方剩余).

4. 设 $\mathrm{ord}_n(a^i) = \delta$,因为
$$(a^i)^d = (a^d)^i \equiv 1 \pmod{n},$$
所以 $\delta \mid d$.

因为 $a^{i\delta} = (a^i)^{\delta} \equiv 1 \pmod{n}$,所以 $d \mid i\delta$.

在 $(i, d) = 1$ 时,上式导出 $d \mid \delta$,从而 $d = \delta$.

在 $(i, d) > 1$ 时,
$$(a^i)^{\frac{d}{(i,d)}} = (a^d)^{\frac{i}{(i,d)}} \equiv 1 \pmod{n}.$$
所以 $\delta \leqslant \dfrac{d}{(i,d)} < d$.

因此,当且仅当 $(i, d) = 1$ 时,$\delta = d$.

5. 如果 $\mathrm{ord}_{p^{\alpha-1}} g < \varphi(p^{\alpha-1})$,那么
$$\mathrm{ord}_{p^{\alpha-1}} g = \frac{p^{\alpha-2}(p-1)}{d}.$$
其中 $d > 1$ 是 $p^{\alpha-2}(p-1)$ 的约数,即有
$$g^{\frac{p^{\alpha-2}(p-1)}{d}} \equiv 1 \pmod{p^{\alpha-1}}.$$
上式也可写成
$$g^{\frac{p^{\alpha-2}(p-1)}{d}} = 1 + kp^{\alpha-1}, k \in \mathbf{Z},$$
于是
$$g^{\frac{\varphi(p^{\alpha})}{d}} = (1 + kp^{\alpha-1})^p$$
$$= 1 + kp^{\alpha-1} \cdot p + c_p^2 k^2 p^{\alpha+\alpha-2} + \cdots \equiv 1 \pmod{p^{\alpha}}.$$
这与 g 为 $\bmod p^{\alpha}$ 的原根相矛盾.

所以 g 也是 $\bmod p^{\alpha-1}$ 的原根.

练习 5.2

1. $\varphi(40) = 16, 1 \sim 40$ 中与 40 互质的数有 16 个,所以原根也有 16 个,它们是

$17, 17^3, 17^7, 17^9, 17^{11}, 17^{13}, 17^{17}, 17^{19}, 17^{21}, 17^{23}, 17^{27}, 17^{29}, 17^{31}, 17^{33}, 17^{37}, 17^{39}$.

再具体些:

$17 \equiv -24 \pmod{41}$

$17^3 \equiv 2 \times 17 = 34 \equiv -7 \pmod{41}$,

$17^7 \equiv 2^3 \times 17 \equiv -28 \equiv 13 \pmod{41}$,

$$17^9 \equiv 2^4 \times 17 \equiv 26 \equiv -15 \pmod{41},$$

$$17^{11} \equiv 2 \times (-15) \equiv -30 \equiv 11 \pmod{41},$$

$$17^{13} \equiv 22 \equiv -19 \pmod{41},$$

$$17^{17} \equiv 88 \equiv 6 \pmod{41},$$

$$17^{19} \equiv 12 \pmod{41}.$$

因此,6,7,11,12,13,15,17,19,22,24,26,28,29,30,34,35 这 16 个数是 mod 41 的原根.

2. $2^{14} \equiv 1 \pmod{43}$,2 不是 mod 43 的原根.

$$3^2 = 9, 3^3 = 27, 3^6 = 729 \equiv -2 \pmod{43},$$

$$3^{14} \equiv 3^2 \times (-2)^2 = 36 \pmod{43},$$

$$3^{21} \equiv 3^3 \times (-2)^3 = -216 \equiv -1 \pmod{43}.$$

所以 3 是 mod 43 的原根.

3. 本节开始已说过 mod 8 没有原根,以下设 $\alpha > 3$,对于奇数 $2k+1$,我们证明

$$(2k+1)^{2^{\alpha-2}} \equiv 1 \pmod{2^\alpha}$$

在 $\alpha = 3$ 时,上式成立.假设上式对 α 成立.则

$$\begin{aligned} (2k+1)^{2^{\alpha-1}} &= ((2k+1)^{2^{\alpha-2}})^2 \\ &= (1 + h \cdot 2^\alpha)^2 \cdot (h \in \mathbf{Z}) \\ &= 1 + h \cdot 2^{\alpha+1} + h^2 2^{2^\alpha} \\ &\equiv 1 \pmod{2^{\alpha+1}} \end{aligned}$$

因此上式对一切 α 成立.2 不是 mod 2^α 的原根.

4. 设 g 为 mod ab 缩系中的数,并且 $\mathrm{ord}_a g = m, \mathrm{ord}_b g = n$,则

$$g^m \equiv 1 \pmod{a},$$

$$g^n \equiv 1 \pmod{b}.$$

其中 $m \mid \varphi(a), n \mid \varphi(b)$.

由此上二式得

$$g^{[m,n]} \equiv 1 \pmod{ab},$$

最小公倍数 $[m,n] \leqslant [\varphi(a), \varphi(b)].$

$$\leqslant \frac{1}{2}\varphi(a)\varphi(b)(2 \text{ 是 } \varphi(a)、\varphi(b) \text{ 的公约数})$$

$$< \varphi(a)\varphi(b) = \varphi(ab)$$

所以 mod ab 没有原根.

5. 本节开始时已得出 2 是 mod 11 的原根,

$$2^{10} = 1024 = 1 + 11 \times 93 = 1 + 5 \times 11 + 8 \times 11^2,$$

因此由定理 5.6 的证明,2 是对一切 $\alpha > 1$,mod 11^α 的原根.

练习 5.3

1. (1) 取对数得 $16x \equiv 2 \pmod{22}$,

所以

$$8x \equiv 1 \pmod{11}.$$

从而 $x \equiv 7 \pmod{11}$,$x \equiv 7, 18 \pmod{22}$.

(2) 取对数得

$$14x \equiv 1 \pmod{22},$$

但 $2 \mid 14, 2 \mid 22$ 而 $2 \nmid 1$,所以无解.

2. (1) 取对数得

$$16 + 5y \equiv 22 \pmod{22},$$

即

$$5y \equiv 6 \pmod{22},$$

$$y \equiv 10 \pmod{22},$$

$$x \equiv 9 \pmod{23}.$$

(2) 取对数得

$$16 + 14y \equiv 2 \pmod{22},$$

即

$$7y \equiv -7 \pmod{11},$$

$$y \equiv -1 \equiv 10 \pmod{11},$$

$$y \equiv 10, 21 \pmod{22},$$

$$x \equiv 9, 14 \pmod{23}.$$

3. 2 为 mod 13 的原根,在表中查出

$$2^{10} \equiv 10 \pmod{13},$$

所以 $x = 10$ 是一解.

但并非只有这一解,事实上,对于满足 $2^d \equiv a \pmod{13}$ 的每一对 a、d,均存在 k, h,使得

$$a + 13k = d + 12h.$$

取 $k = h = d - a$,则(1)成立,所以

$$x \equiv a + 13k \equiv 13d - 12a \pmod{156},$$

($156 = 12 \times 13$ 是 12、13 的最小公倍数).

对于 $(a,d) = (1,12),(2,1),(3,4),(4,2),(5,9),(6,5),(7,11),(8,3),(9,8),(10,10),(11,7),(12,6)$,分别得到:

$$x \equiv 13 \times 12 - 12 \equiv 144,$$
$$x \equiv 13 \times 1 - 12 \times 2 = -11 \equiv 145,$$
$$x \equiv 13 \times 4 - 12 \times 3 = 16,$$
$$x \equiv 13 \times 2 - 12 \times 4 = -22 = 134,$$
$$x \equiv 13 \times 9 - 12 \times 5 = 57,$$
$$x \equiv 13 \times 5 - 12 \times 6 = -7 \equiv 149,$$
$$x \equiv 13 \times 11 - 12 \times 7 = 59,$$
$$x \equiv 13 \times 3 - 12 \times 8 = -57 \equiv 99,$$
$$x \equiv 13 \times 8 - 12 \times 9 = -4 \equiv 152,$$
$$x \equiv 13 \times 10 - 12 \times 10 = 10,$$
$$x \equiv 13 \times 7 - 12 \times 11 = -41 \equiv 115,$$
$$x \equiv 13 \times 6 - 12 \times 12 = -66 \equiv 90 \pmod{156}.$$

所以本题的解为 $144,145,16,134,57,149,59,99,152,10,115,90 \pmod{156}$.

4. 由定理 5.3,我们有
$$\mathrm{ord}_p(g^\delta) = \frac{p-1}{(p-1,\delta)},$$

即
$$d = \frac{p-1}{(p-1,\delta)},$$

所以
$$d(p-1,\delta) = p-1.$$

练习 5.4

1. $29 = 1 + 2^2 + 2^3 + 2^4$

$$423^2 = 178929$$
$$= 2518 + 67 \times 2633 \equiv 2518,$$
$$2518^2 = 6340324 \equiv 60,$$
$$60^2 = 3600 \equiv 967,$$
$$967^2 = 935089 \equiv 374,$$
$$423^{29} \equiv 423 \times 60 \times 967 \times 374$$
$$\equiv 2437 \pmod{2633}.$$

2. 由辗转相除,
$$2632 = 90 \times 29 + 22,$$
$$29 = 22 + 7,$$

$$1 = 22 - 3 \times 7$$
$$= 22 - 3 \times (29 - 22)$$
$$= 4 \times 22 - 3 \times 29$$
$$= 4 \times (2632 - 90 \times 29) - 3 \times 29$$
$$\equiv 2269 \times 29 (\bmod 2632)$$

所以 $d = 2269$

3.
$$2269 = 2048 + 128 + 64 + 16 + 8 + 4 + 1$$
$$= 2^{11} + 2^7 + 2^6 + 2^4 + 2^3 + 2^2 + 1,$$
$$2437^2 = 5938969 \equiv 1554,$$
$$1554^2 = 2414916 \equiv 455,$$
$$455^2 = 207025 \equiv 1651,$$
$$1651^2 = 2725801 \equiv 646,$$
$$646^2 = 417316 \equiv 1302,$$
$$1302^2 = 1695204 \equiv 2185,$$
$$2185^2 = 4774225 \equiv 596,$$
$$596^2 = 355216 \equiv 2394,$$
$$2394^2 = 5731236 \equiv 1828,$$
$$1828^2 = 3341584 \equiv 307,$$
$$307^2 = 94249 \equiv 2094,$$

所以

$$r \equiv 2437^{2269}$$
$$\equiv 2437^{1+4+8+16+64+128+2048}$$
$$\equiv 2437 \times 455 \times 1651 \times 646 \times 2185 \times 596 \times 2094$$
$$\equiv 423 (\bmod 2633).$$

4.
$$13 = 8 + 4 + 1,$$
$$2423^2 = 5870929 \equiv 311,$$
$$311^2 = 96721 \equiv 315,$$
$$315^2 = 99225 \equiv 282,$$
$$r \equiv 2423^{8+4+1} \equiv 2423 \times 315 \times 282 \equiv 1084 (\bmod 2537).$$

5. 转转相除，

$$2436 = 187 \times 13 - 15,$$

$$1 = 2 \times 13 - 5 \times 5$$
$$= 2 \times 13 - 5 \times (2436 - 187 \times 13)$$
$$= 937 \times 13 - 5 \times 2436$$
$$\equiv 937 \times 13$$
$$(\mathrm{mod}\ 2436)$$

所以 $d = 937$.

6.
$$4382136 = \varphi(n) = (p-1)(q-1)$$
$$= 4386607 - p - q + 1,$$

所以

$$p + q = 4472.$$
$$(p - g)^2 = (p+q)^2 - 4n = 4472^2 - 4 \times 4386607,$$
$$\mid p - q \mid = \sqrt{2452356} = 1566,$$
$$\{p, q\} = \{3019, 1453\}.$$

第六章

练习 6.2

1. （1）列表如下：

n	0	1	2	3	4	5
x_n	2	6	10	14	18	22
p_n	2	13	132	1861	33630	741721
q_n	1	6	61	860	15541	342762

因此，原式 $= \dfrac{741721}{342762}$.

（2）列表如下：

n	0	1	2	3	4	5
x_n	1	4	2	8	5	7
p_n	1	5	11	93	476	3425
q_n	1	4	9	76	389	2799

因此，原式 $= \dfrac{3425}{2799}$.

（3）列表如下：

n	0	1	2	3	4	5
x_n	1	2	3	4	5	6
p_n	1	3	10	43	225	1393
q_n	1	2	7	30	157	972

因此，原式 $= \dfrac{1393}{972}$.

（4）列表如下：

n	0	1	2	3	4	5
x_n	2	1	2	1	1	4
p_n	2	3	8	11	19	87
q_n	1	1	3	4	7	32

因此，原式 $= \dfrac{87}{32}$.

2. （1）$\dfrac{121}{21} = \langle 5,1,3,5 \rangle$.

（2）$\dfrac{173}{55} = \langle 3,6,1,7 \rangle$.

（3）$\dfrac{290}{81} = \langle 3,1,1,2,1,1,1,1,2 \rangle$.

（4）$\dfrac{126}{23} = \langle 5,2,11 \rangle$.

3. （1）$\dfrac{205}{93} = \langle 2,4,1,8,2 \rangle$，其渐近分数计算如下：

n	0	1	2	3	4
x_n	2	4	1	8	2
p_n	2	9	11	97	205
q_n	1	4	5	44	93
$\dfrac{p_n}{q_n}$	$\dfrac{2}{1}$	$\dfrac{9}{4}$	$\dfrac{11}{5}$	$\dfrac{97}{44}$	$\dfrac{205}{93}$

(2) $\dfrac{2065}{902} = \langle 2,3,2,5,5,1,3\rangle$，其渐近分数计算如下：

n	0	1	2	3	4	5	6
x_n	2	3	2	5	5	1	3
p_n	2	7	16	87	451	538	2065
q_n	1	3	7	38	197	235	902
$\dfrac{p_n}{q_n}$	$\dfrac{2}{1}$	$\dfrac{7}{3}$	$\dfrac{16}{7}$	$\dfrac{87}{38}$	$\dfrac{451}{197}$	$\dfrac{538}{235}$	$\dfrac{2065}{902}$

4. (1) 证明：因为 $x_1,x_2,\cdots$ 均为正整数. $q_0=1,q_1=x_1$，当 $n\geqslant 2$ 时，$q_n = x_n q_{n-1} + q_{n-2}$，所以 $q_n, n=0,1,2,\cdots$ 均为正整数，下面对 n 运用归纳法证明 $n\geqslant 0$ 时，$q_n > n-1$.

$n=0$ 时，$q_0 = 1 > 0-1$.

$n=1$ 时，$q_1 = x_1 > 0 = 1-1$.

假设对 $n-1\geqslant 2$，有 $q_{n-2} > n-3, q_{n-1} > n-2$，则 $q_n = x_n q_{n-1} + q_{n-2} > q_{n-1} \geqslant n-1$，即 $q_n > n-1$. 故对于 n，命题成立，从而对一切 $n\geqslant 0$，均有 $q_n > n-1$.

(2) 对 $n\geqslant 1$，
$$q_{n+1}p_{n-1} - p_{n+1}q_{n-1}$$
$$= (x_{n+1}q_n + q_{n-1})p_{n-1} - (x_{n+1}p_n + p_{n-1})q_{n-1}$$
$$= x_{n+1}(q_n p_{n-1} - p_n q_{n-1})$$
$$= (-1)^n x_{n+1}.$$

练习 6.4

1. (1) 令 $\theta = \langle 1,2,1,1,2,1,1,2,1,\cdots\rangle$，则
$$\theta = 1 + \cfrac{1}{2 + \cfrac{1}{1 + \cfrac{1}{\theta}}},$$

因此
$$3\theta^2 - 2\theta - 3 = 0.$$

所以 $\theta = \dfrac{1+\sqrt{10}}{3}$ （舍去负值）.

(2) 令 $\theta = \langle 6,3,6,3,6,3,\cdots\rangle$，则
$$\theta = 6 + \cfrac{1}{3 + \cfrac{1}{\theta}}.$$

因此
$$\theta^2 - 6\theta - 2 = 0.$$

所以 $\theta = 3 + \sqrt{11}$ （舍去负值）.

(3) 令 $\theta = \langle 1,2,1,10,1,2,1,10,1,2,1,10,\cdots \rangle$，则

$$\theta = 1 + \cfrac{1}{2 + \cfrac{1}{1 + \cfrac{1}{10 + \cfrac{1}{\theta}}}},$$

因此
$$8\theta^2 - 10\theta - 1 = 0.$$

所以 $\theta = \dfrac{5 + \sqrt{33}}{8}$ （舍去负值）.

再令 $\tau = \langle 5,1,2,1,10,1,2,1,10,1,2,1,10,\cdots \rangle$，则

$$\tau = \langle 5, \theta \rangle = 5 + \frac{1}{\theta} = 5 + \frac{8}{5 + \sqrt{33}}$$

$$= \sqrt{33}.$$

(4) 令 $\theta = \langle 1,2,1,6,1,2,1,6,1,2,1,6,\cdots \rangle$，则

$$\theta = 1 + \cfrac{1}{2 + \cfrac{1}{1 + \cfrac{1}{6 + \cfrac{1}{\theta}}}},$$

因此
$$5\theta^2 - 6\theta - 1 = 0.$$

所以 $\theta = \dfrac{3 + \sqrt{14}}{5}$ （舍去负值）.

再令 $\tau = \langle 3,1,2,1,6,1,2,1,6,\cdots \rangle$，则

$$\tau = \langle 3, \theta \rangle = 3 + \frac{1}{\theta} = 3 + \frac{5}{3 + \sqrt{14}}$$

$$= \sqrt{14}.$$

2. (1) $\sqrt{7} = 2 + \sqrt{7} - 2 = 2 + \cfrac{1}{\cfrac{\sqrt{7}+2}{3}} = \langle 2, \frac{\sqrt{7}+2}{3} \rangle$

$$= 2 + \cfrac{1}{1 + \cfrac{\sqrt{7}-1}{3}} = 2 + \cfrac{1}{1 + \cfrac{1}{\cfrac{\sqrt{7}+1}{2}}}$$

$$= 2 + \cfrac{1}{1 + \cfrac{1}{1 + \cfrac{\sqrt{7}-1}{2}}} = 2 + \cfrac{1}{1 + \cfrac{1}{1 + \cfrac{1}{\cfrac{\sqrt{7}+1}{3}}}}$$

$$= 2 + \cfrac{1}{1 + \cfrac{1}{1 + \cfrac{1}{1 + \cfrac{\sqrt{7}-2}{3}}}} = 2 + \cfrac{1}{1 + \cfrac{1}{1 + \cfrac{1}{1 + \cfrac{1}{\sqrt{7}+2}}}}$$

$$= 2 + \cfrac{1}{1 + \cfrac{1}{1 + \cfrac{1}{1 + \cfrac{1}{4 + \cfrac{1}{\cfrac{\sqrt{7}+2}{3}}}}}}$$

$$= \langle 2,1,1,1,4,\frac{\sqrt{7}+2}{3} \rangle$$

$$= \langle 2,1,1,1,4,1,1,1,4,1,1,1,4,\cdots \rangle.$$

(2) $\sqrt{28} = \langle 5,3,2,3,10,3,2,3,10,3,2,3,10,\cdots \rangle.$

(3) $\dfrac{8+\sqrt{37}}{9} = \langle 1,1,1,3,2,1,3,2,1,3,2,\cdots \rangle.$

(4) $\dfrac{24-\sqrt{15}}{17} = \langle 1,5,2,3,2,3,2,3,\cdots \rangle.$

3. (1) 因为 $\sqrt{19} = \langle 4,2,1,3,1,2,8,2,1,3,1,2,8,\cdots \rangle$,其渐近分数列表如下:

n	0	1	2	3	4	5
x_n	4	2	1	3	1	2
p_n	4	9	13	48	61	170
q_n	1	2	3	11	14	39
$\dfrac{p_n}{q_n}$	$\dfrac{4}{1}$	$\dfrac{9}{2}$	$\dfrac{13}{3}$	$\dfrac{48}{11}$	$\dfrac{61}{14}$	$\dfrac{170}{39}$

(2) 因为 $\dfrac{25+\sqrt{53}}{22} = \langle 1,2,7,7,7,7,\cdots \rangle$,其渐近分数列表如下:

n	0	1	2	3	4	5
x_n	1	2	7	7	7	7
p_n	1	3	22	157	1121	8004
q_n	1	2	15	107	764	5455
$\dfrac{p_n}{q_n}$	$\dfrac{1}{1}$	$\dfrac{3}{2}$	$\dfrac{22}{15}$	$\dfrac{157}{107}$	$\dfrac{1121}{764}$	$\dfrac{8004}{5455}$

4. 列表计算得:

n	0	1	2	3	4	5	6
x_n	2	1	2	1	1	4	1
p_n	2	3	8	11	19	87	106
q_n	1	1	3	4	7	32	39
$\dfrac{p_n}{q_n}$	$\dfrac{2}{1}$	$\dfrac{3}{1}$	$\dfrac{8}{3}$	$\dfrac{11}{4}$	$\dfrac{19}{7}$	$\dfrac{87}{32}$	$\dfrac{106}{39}$

思考题答案

1. 设 $n-2,n-1,n,n+1,n+2$ 为五个连续的自然数 $(n>2)$,又设

$$(n-2)(n-1)n(n+1)(n+2) = n(n^2-1)(n^2-4) = m^2. \qquad ①$$

如果奇质数 $p \mid n$,那么 $p \nmid (n-2)(n-1)(n+1)(n+2)$,因此 n 的质因数分解中,p 的指数是偶数,从而 $n=2a^2$ 或 a^2.

但 $(n-2)(n-1)(n+1)(n+2) = (n^2-1)(n^2-4) = n^4 - 5n^2 + 4$ 在两个连续的平方数 $(n^2-3)^2$ 与 $(n^2-2)^2$ 之间,不是平方数,所以只能是 $n=2a^2$,并且

$$2(n-2)(n-1)(n+1)(n+2) \qquad ②$$

是平方数.

因为 n 是偶数,而

$$((n-1)(n+2),(n+1)(n-2))$$
$$= (n^2+n-2, n^2-n-2)$$
$$= (2n, n^2-n-2),$$
$$(n, n^2-n-2) = 2,$$

所以

$$((n-1)(n+2),(n+1)(n-2)) = 2 \text{ 或 } 4.$$

142

因为(2) 为平方数,所以$(n-1)(n+2)$、$(n+1)(n-2)$ 中必有一个是平方数,但
$$n^2 < (n-1)(n+2) = n^2 + n - 2 < (n+1)^2,$$
所以$(n-1)(n+2)$ 不是平方数,同理$(n+1)(n-2)$ 也不是平方数,矛盾.

因此,五个连续自然数的积不是平方数.

2. 1～1999 中有 1000 个奇数,999 个偶数,和为偶数,代数和也为偶数,不可能为 5.

另一方面,$1999-1998-1997+1996=0, 1995-1994-1993+1992=0, \cdots, 11-10-9+8=0, 7-6+5-4+3-2+1=4$.

3. 设共放了 b 枚黑子,w 枚白子(暂不将黑白子抵消),则 $b \equiv 0 (\bmod\ 3)$,$w \equiv 0 (\bmod\ 3)$,b 枚黑子中有 w 枚,与白子抵消(白子全部被抵消),剩下 $b-w$ 枚,而 $b-w \equiv 0 (\bmod\ 3)$,因此 x 只可取 0、3、6、9.另一方面在第一行放 3 个黑子;再在第二行放 3 个黑子;最后在第三行放 3 个黑子,表明 x 可取 0,3,6,9.

4. 1～$2n$ 可配成 n 个二元数组:$(1,2),(3,4),\cdots,(2n-1,2n)$,所取 $n+1$ 个数中,必有两个在同一数组,即它们是相邻的整数,因此互质.

5. 如果 n 为偶数,那么甲胜. 策略是将 $2,3,\cdots,n-1$ 分为 $\dfrac{n}{2}-1$ 对:
$$(2,3),(4,5),\cdots,(n-2,n-1).$$

甲先取 n,然后乙取任一个数,甲便取同一组中的另一个数,最后剩下的 2 个数在同一组. 它们是相邻整数,因而互质. 甲胜.

$n=5$ 时,甲先取 4,剩下 3 个数 2、3、5,无论乙如何取,甲胜.

$n=7$ 时,甲先取 4,再取 6(如果乙已取 6,那么甲任取一数),剩下的数互质.

奇数 $n \geqslant 9$ 时,乙必胜,理由如下:

设 $n=2k+1 (k \geqslant 4)$,甲取 $k-1$ 个数,乙也取 $k-1$ 个数. 在取走 $(2k-2)$ 个数的过程中,乙尽量先取奇数,但 3、9 两数不取,如果余下的 4 个数中至少有 3 个是偶数,那么即使甲再取走 1 个偶数,最后剩下的 2 个偶数,不互质. 如果余下的 4 个数中,偶数个数为 2,那么甲取的 $k-2$ 个数全为偶数,他没有取走奇数,从而取走 $(2k-2)$ 个数时,3 与 9 剩下,还有 2 个偶数剩下,最后甲取偶数,乙也取偶数;甲取奇数,乙也取奇数,必剩下两个不互质的数,乙胜.

6. 取 $m=1$ 可知 a、b 不全为 0,不妨设 $a \neq 0$.

如果 $b=d=0$,那么取 $m=a, n \neq c$,方程组无解,所以 $b-d$ 不全为 0.

设最大公约数 $(a,c)=e, (b,d)=f$,

由原方程组得

$$(ad - bc)x = md - nb, \qquad \qquad ①$$

$$(ad - bc)y = na - mc. \qquad \qquad ②$$

由裴蜀恒等式,可取 m、n 使

$$md - nb = f.$$

这时由 ①

$$\left(a \times \frac{d}{f} - c \times \frac{b}{f} \right) x = 1,$$

所以 $x = \pm 1$,$a \times \dfrac{d}{f} - c \times \dfrac{b}{f} = \pm 1$,而这表明 $e = (a, c) = 1$.

再另取 m、n(我们仍用 m、n,不改用 m'、n',是避免引用过多的符号),满足

$$na - mc = e = 1.$$

则由 ② 得

$$ad - bc = \pm 1.$$

7. 不妨设 A 为原点(否则作一适当的平移),又设 B、D 坐标分别为 (a, c)、(b, d).

在直线 AB 上取点 $B_k(ka, kc)$,在直线 AC 上取点 $C_k(kb, kd)$($k = 0, \pm 1, \pm 3, \cdots$),其中 $B_1 = B$,$D_1 = D$,$B_0 = D_0 = A$.

B_k、C_k($k = 0, \pm 1, \pm 2, \cdots$)都是整点. 过这些点作 AB、AD 的平行线,形成平行四边形网格,每个小平行四边形与平行四边形 $ABCD$ 全等,顶点都是整点,而且经过平移可与平行四边形 $ABCD$ 重合,平移时每个点的横、纵坐标增加或减少的值都是整数(分别为 B_k 与 A 的差,D_k 与 A 的差). 因为平行四边形 $ABCD$ 除顶点外无整点,所以这些小平行四边形也是这样.

于是每个整点 (m, n) 都是上述平行四边形网格的格点,即对每一对整数 m, n,方程组

$$\begin{cases} ax + by = m, \\ cx + dy = n \end{cases}$$

有整数解 x、y(整点 $F(m, n)$ 与 A、B_x、D_y 构成平行四边形).

由上一题,$ad - bc = \pm 1$,即平行四边形 $ABCD$ 面积为 1.

8. 答案是面积为 $\dfrac{\sqrt{n}}{2}$,其中 n 为正整数,可取一切除以 4 余 1、2 或者除以 8 余 3 的数.

证明这一结论需要较长的篇幅,请参看《初等数论的知识与问题》(单墫著,哈尔滨工业大学出版社,2011 年出版).

9. 一般地,在火柴根数为 $4k$($k \geqslant 1$) 时,甲负,其余情况甲胜.

显然,火柴根数为 1、2、3 时,甲胜,火柴根数为 4 时,甲无论如何取,乙总能将剩下的一

次取完,乙胜.

假设对于比 $4k$ 小的数,上述结论成立,则对于 $4k$ 根火柴,甲无论如何取,第一次取后,剩下的火柴根数不是 4 的倍数,从而由归纳假设,乙胜. 而对于 $4k+1,4k+2$ 或 $4k+3$ 根火柴,甲先取 1、2 或 3 根,剩下 $4k$ 根火柴,乙肯定输.

于是,对于 1989 根火柴,甲一定获胜,方法是先取 1 根,然后,每次乙取后,甲相应地取 1、2 或 3 根,使得剩下的火柴数始终是 4 的倍数,直至最后取完.

10. 在 p 为质数时,对于 $k=1,2,\cdots,p-1$,有 $C_p^k=\dfrac{p}{k}C_{p-1}^{k-1},kC_p^k=pC_{p-1}^{k-1}$,于是 $p\mid kC_p^k$,而 $(p,k)=1$,所以 $p\mid C_p^k$.

反之,设 p 不是质数,则有 $p=qh$,q 为 p 的最小质因数,$q<p$.

$$(q-1)!\ C_{p-1}^{q-1}=(p-1)(p-2)\cdots(p-q+1)$$
$$\equiv(-1)(-2)\cdots(-q+1)(\bmod q)$$
$$\equiv(-1)^{q-1}(q-1)!,$$

而
$$q\nmid(q-1)!,$$
所以
$$C_{p-1}^{q-1}\equiv(-1)^{q-1}(\bmod q).$$

于是 $q\nmid C_{p-1}^{q-1}$,$\dfrac{1}{q}C_{p-1}^{q-1}$ 不是整数,$\dfrac{1}{p}C_p^q=\dfrac{1}{q}C_{p-1}^{q-1}$ 也不是整数.

11. 在 p 为质数时,对于 $k=1,2,\cdots,p-1$,

$k!\ C_{p-1}^k=(p-1)(p-2)\cdots(p-k)\equiv(-1)(-2)\cdots(-k)=(-1)^kk!\ (\bmod p)$.

因为 $p\nmid k!$,所以
$$C_{p-1}^k\equiv(-1)^k(\bmod p).$$

反之,设 p 不是质数,$p=q^th$,q 为 p 的最小质因数,$q\nmid h,t\geqslant 1$,则

$$(q-1)!\ C_{p-1}^q=\frac{1}{q}(p-1)(p-2)\cdots(p-q)$$
$$=(p-1)(p-2)\cdots(p-q+1)(q^{t-1}h-1)$$
$$\equiv(-1)(-2)\cdots(-q+1)(q^{t-1}h-1)(\bmod q^t)$$
$$=(-1)^{q-1}(q-1)!\ (q^{t-1}h-1).$$

因为 $(q,(q-1)!\ )=1$,所以
$$C_{p-1}^8\equiv(-1)^{q-1}(q^{t-1}h-1)=(-1)^q+(-1)^{q-1}q^{t-1}h(\bmod q^t).$$

因为 $q\nmid(-1)^{q-1}h,q^t\nmid(-1)^{q-1}q^{t-1}h$,所以
$$C_{p-1}^q\not\equiv(-1)^q(\bmod q^t).$$

更有
$$C_{p-1}^q \not\equiv (-1)^q (\mathrm{mod}\ p).$$

12. 显然，$\left[\sqrt{\sqrt{[x]}}\right] \leqslant \left[\sqrt{\sqrt{x}}\right].$

设 $\left[\sqrt{\sqrt{[x]}}\right] = n$（正整数），则
$$n \leqslant \sqrt{\sqrt{[x]}} < n+1,$$

所以
$$n^4 \leqslant [x] < (n+1)^4.$$

从而
$$[x] \leqslant (n+1)^4 - 1,$$
$$x < [x] + 1 \leqslant (n+1)^4,$$
$$\sqrt{\sqrt{x}} < n+1,$$
$$\left[\sqrt{\sqrt{x}}\right] \leqslant n = \left[\sqrt{\sqrt{[x]}}\right].$$

因此，$\left[\sqrt{\sqrt{[x]}}\right] = \left[\sqrt{\sqrt{x}}\right].$

13. $G(1) = 1 - G(G(0)) = 1 - G(0) = 1 - 0 = 1,$

$G(2) = 2 - G(G(1)) = 2 - G(1) = 2 - 1 = 1.$

假设在 k 满足 $2 \leqslant k \leqslant n-1$ 时，$G(k)$ 都是自然数，并且 $\leqslant k$，则在 $n > 2$ 时，
$$G(n) = n - G(G(n-1)) = n - G(m)(m\ \text{是} \leqslant n-1\ \text{的自然数})$$
$$= n - l(l\ \text{是} \leqslant m \leqslant n-1\ \text{的自然数}).$$

因此，$G(n)$ 是 $\leqslant n$ 的自然数. 从而 $G(n)$ 由初始条件 $G(0) = 0$ 与递推关系 $G(n) = n - G(G(n-1))$ 唯一确定.

由练习 3.1 的第 8 题，对于 $r = \dfrac{\sqrt{5}-1}{2}$ 有
$$[r[rn]+r] + [r(n+1)] = n,$$

即
$$[r(n+1)] = n - [r([rn]+1)],$$

即 $G(n) = [r(n+1)]$ 满足
$$G(n) = n - G([rn]) = n - G(G(n-1)),$$

而且由唯一性，必须 $G(n) = [r(n+1)]$.

14. $\beta = \alpha^2 = \alpha + 1$，所以 $\beta n = \alpha n + n$，从而
$$\{\beta n\} = \{\alpha n\},$$

$$\alpha[\beta n]-[\beta n]=(\alpha-1)(\beta n-\{\beta n\})=(\alpha-1)(\alpha n+n-\{\alpha n\})$$

$$=(\alpha^2-1)n-(\alpha-1)\{\alpha n\}$$

$$=\alpha n-(\alpha-1)\{\alpha n\}$$

$$=[\alpha n]+(2-\alpha)\{\alpha n\}>[\alpha n].$$

又因为 $\alpha>1$，所以

$$\alpha[\beta n]-[\beta n]<[\alpha n]+\{\alpha n\}<[\alpha n]+1,$$

因此

$$[\alpha n]+[\beta n]<\alpha[\beta n]<[\alpha n]+[\beta n]+1,$$

从而

$$[\alpha[\beta n]]=[\alpha n]+[\beta n].$$

15. 因为 $(n-1)^2<n^2-1<n^2$，所以

$$n-1\leqslant[\sqrt{n^2-1}]<n,[\sqrt{n^2-1}]=n-1.$$

对于 $1\leqslant k\leqslant n-1,[\sqrt{k^2}],[\sqrt{k^2+1}],\cdots,[\sqrt{(k+1)^2-1}]$ 均为 k，所以

$$S_n=\sum_{k=1}^{n-1}k((k+1)^2-k^2)=\sum_{k=1}^{n-1}k(2k+1)$$

$$=2\sum_{k=1}^{n-1}k(k+1)-\sum_{k=1}^{n-1}k$$

$$=4\times\sum_{k=2}^{n}C_k^2-\sum_{k=1}^{n-1}k$$

$$=4\times\frac{(n+1)n(n-1)}{3\times2}-\frac{n(n-1)}{2}$$

$$=\frac{n(n-1)(4n+1)}{6}.$$

16. $x_1=ax_0+b,x_2=a^2x_0+ab+b,\cdots$

$$x_n=a^nx_0+(a^{n-1}+a^{n-2}+\cdots+1)b,\cdots$$

不妨设 x_0 为质数，并且 $x_0>a$（否则用 x_1 代替 x_0），无穷多个数

$$a^{n-1}+a^{n-2}+\cdots+1(n=1,2,\cdots)$$

中必有两个 $\bmod x_0$ 同余，设 $m>k$ 并且

$$a^{m-1}+a^{m-2}+\cdots+1\equiv a^{k-1}+a^{k-2}+\cdots+1(\bmod x_0),$$

则

$$a^{m-1}+a^{m-2}+\cdots+a^k\equiv0(\bmod x_0),$$

从而

$$a^{m-k-1}+a^{m-k-2}+\cdots+1\equiv0(\bmod x_0),$$

即

$$x_{m-k} = a^{m-k}x_0 + (a_1{}^{m-k-1} + a^{m-k-2} + \cdots + 1)b$$

被 x_0 整除，它当然不是质数.

17. $\displaystyle\sum_{k=1}^{m}\delta(k) = \sum_{k=1}^{m}\sum_{d\mid k}d$

$$= \sum_{d=1}^{m}d\sum_{\substack{d\mid k \\ 1\leqslant k\leqslant m}}1$$

$$= \sum_{d=1}^{m}d\left[\frac{m}{d}\right]$$

$$= \sum_{n=1}^{m}n\left[\frac{m}{n}\right].$$

18. $\displaystyle\sum_{d=1}^{n}\varphi(d)\left[\frac{n}{d}\right] = \sum_{d=1}^{n}\varphi(d)\sum_{\substack{d\mid m \\ 1\leqslant m\leqslant n}}1$

$$= \sum_{m=1}^{m}\sum_{d\mid m}\varphi(d)$$

$$= \sum_{m=1}^{n}m$$

$$= \frac{n(n+1)}{2}.$$

19. 因为 $x^{2k}-1 = (x^2-1)(x^{2k-2}+x^{2k-4}+\cdots+1)$

$$= (x+1)(x-1)(x^{2k-2}+x^{2k-4}+\cdots+1),$$

所以在 $m > n$ 时，

$$2^{2^m}-1 = (2^{2^n})^{2^{m-n}}-1$$

$$= (2^{2^n}+1)(2^{2^n}-1)(2^{2^{m-n}-2}+2^{2^{m-n}-4}+\cdots+1),$$

$$(2^{2^m}+1,2^{2^n}+1) = (2^{2^m}-1+2,2^{2^n}+1)$$

$$= (2,2^{2^n}+1)$$

$$= (2,1)$$

$$= 1.$$

20. 不妨设 $a \geqslant b$，显然 $(s^b-1,s^b-1) = s^b-1$，即当 $a=b$ 时结论成立.

假设在 $a = \max(a,b) < m$ 时结论成立，则对 $a=m$，设

$$m = qb+r,$$

其中 q 为正整数，r 为整数，$0 \leqslant r < b$.

$$(s^a-1,s^b-1) = (s^a-s^b,s^b-1) = (s^b(s^{a-b}-1),s^b-1)$$

$$= (s^{a-b}-1, s^b-1)$$
$$= \cdots$$
$$= (s^{a-qb}-1, s^b-1)$$
$$= (s^r-1, s^b-1).$$

由归纳假设, $(s^r-1, s^b-1) = s^{(r,b)}-1 = s^{(qb+r,b)}-1 = s^{(a,b)}-1.$

因此,结论恒成立.

上述运算过程与 1.2.2 小节的辗转相除法完全一样,用归纳法只不过使叙述更为简洁.

21.
$$2^p \equiv 1(\mathrm{mod}\ q),$$
又
$$2^{q-1} \equiv 1(\mathrm{mod}\ q),$$
所以
$$2^{(p,q-1)} \equiv 1(\mathrm{mod}\ q).$$

但 p 为质数,所以 $(p, q-1) = 1$ 或 p.

因为对质数 $q, 2 \equiv 1(\mathrm{mod}\ q)$ 不成立,所以必有
$$(p, q-1) = p,$$
即 $p \mid q-1, q-1$ 是 p 的倍数,而且是偶数,所以 $q-1 = 2kp$,即 $q = 2kp+1$.

22. $d-a \leqslant (n+1)^2 - n^2 \leqslant 2n+1.$

假设
$$ad = bc, \qquad\qquad\qquad ①$$
又会 $b-a = e, d-c = f, e, f$ 都是自然数.

在(1)两边减去 ac,得
$$af = ce. \qquad\qquad\qquad ②$$

因为 $a < c$,所以 $f > e$,即 $f \geqslant e+1$.

因为 $2n+1 \geqslant d-a = f+c-b+e \geqslant f+1+e \geqslant 2(e+1)$,所以
$$e \leqslant n-1.$$

因为 ② 及 $f \geqslant e+1$,所以
$$a(e+1) \leqslant ce,$$
$$a \leqslant (c-a)e.$$

因为 $c-a = c-b+e \leqslant 2n+1-f \leqslant 2n-e$,所以
$$n^2 \leqslant a \leqslant (c-a)e \leqslant (2n-e)e,$$
即
$$(n-e)^2 \leqslant 0,$$

与 $e \leqslant n-1$ 矛盾,所以 $ad \neq bc$.

23. 无穷数列

$1,2,2^2,2^3,\cdots$ 中任三项不成等差数列.

如果有 $2^s,2^t,2^r(s<t<r)$ 三项成等差数列,那么

$$2^s+2^r=2\times 2^t.$$

但上式右边被 2^t 整除;左边的 2^r 被 2^t 整除,而 2^s 不被 2^t 整除,因此左边不被 2^t 整除.

这矛盾表明不可能有三项成等差数列.

24. 500 个偶数 $2,4,6,\cdots,1000$ 所成的集,其中每两个数都不互质,另一方面,由第 4 题,$1\sim 1000$ 中取出 501 个数,其中必有两个数互质. 因此,所述子集元数最多为 500.

25. 设 $s=m_1^2+n_1^2,t=m_2^2+n_2^2,m_1,m_2,n_1,n_2\in \mathbf{Z}$,则

$$\frac{s}{t}=\frac{st}{t^2}$$

$$=\frac{1}{t^2}(m_1^2+n_1^2)(m_2^2+n_2^2)$$

$$=\frac{1}{t^2}((m_1m_2+n_1n_2)^2+(m_1n_2-m_2n_1)^2)$$

$$=\left(\frac{m_1m_2+n_1n_2}{t}\right)^2+\left(\frac{m_1n_2-m_2n_1}{t}\right)^2.$$

26. 斐波那契数有很多性质,如

$$f_n \mid f_{kn}(k\in \mathbf{N}). \tag{1}$$

所以,如果 $a\mid f_n$,那么 $a\mid f_{kn}$.

利用由斐波那契数的通项公式

$$f_n=\frac{1}{\sqrt{5}}(\alpha^n-\beta^n),$$

其中 $\alpha=\dfrac{\sqrt{5}+1}{2},\beta=\dfrac{1-\sqrt{5}}{2}$ 是一对共轭的无理数,$\alpha+\beta=1,\alpha\beta=-1$.

$$f_{kn}=\frac{1}{\sqrt{5}}(\alpha^{kn}-\beta^{kn})=f_n\times\frac{\alpha^{kn}-\beta^{kn}}{\alpha^n-\beta^n},$$

只需证 $\dfrac{\alpha^{kn}-\beta^{kn}}{\alpha^n-\beta^n}$ 是整数.

在 $k=0$ 与 1 时,显然结论成立,假设 $\dfrac{\alpha^{(k-1)n}-\beta^{(k-1)n}}{\alpha^n-\beta^n}$ 与 $\dfrac{\alpha^{(k-2)n}-\beta^{(k-2)n}}{\alpha^n-\beta^n}$ 是整数,则

$$\frac{\alpha^{kn}-\beta^{kn}}{\alpha^n-\beta^n}=\frac{(\alpha^{(k-1)n}-\beta^{(k-1)n})(\alpha+\beta)-(\alpha^{(k-2)n}-\beta^{(k-2)n})}{\alpha^n-\beta^n}$$

$$= \frac{\alpha^{(k-1)n} - \beta^{(k-1)n}}{\alpha^n - \beta^n} - \frac{\alpha^{(k-2)n} - \beta^{(k-2)n}}{\alpha^n - \beta^n} \text{ 是整数.}$$

因此,结论成立.

27. 设 $f(n)$ 是质数 p,则

$$f(n+kp) \equiv f(n) = 0 \pmod{p},$$

即 $f(n+kp)$ 有质因数 p.

在 k 充分大时,$f(n+kp) > p$,所以 $f(n+kp)$ 不是质数.